WALDEN
NICHTS
gebucht.
TROTZDEM
ALL INCLUSIVE.
Nr. 20
SEIT 2015
GEO WALDEN
ABENTEUER VOR DER HAUSTÜR
BLOCKHAUS
Unter Freunden
Zusammen durch Dickicht und dünn –
Touren & Ideen für gemeinsame Abenteuer
Lamawandern
Uckermark
Alpenüberquerungen
Jetzt im Handel!
ALLES
FÜR DAS
DRAUSSEN
IN DIR.
Heft oder Abo bestellen unter
walden-magazin.de

Entdecken Sie die Natur! Mit Peter Wohlleben und dem Stellvertretenden Chefredakteur Rainer Harf

Liebe Leserinnen, liebe Leser!

Die Natur legt nach dem trockenen Sommer eine Atempause ein, und gemeinsam mit Ihnen wollen wir uns die Situation im Wald anschauen. Die vertrockneten Nadelbaumplantagen, von Borkenkäfern zerfressen, Buchen, die viel zu früh ohne Laub dastanden – Zeichen einer Apokalypse?

Ganz sicher nicht, und die Natur weiß sich durchaus zu helfen. Wir berichten vom erstaunlichen Kühleffekt alter Laubwälder, aber auch von Fehlern in der Forstwirtschaft, die nun endlich korrigiert werden müssen.

Korrigieren können wir aber auch viel im Alltag, und deshalb haben wir exemplarisch elf Tipps zusammengestellt, die Sie einfach umsetzen können.

Auch die Wunder der Natur kommen nicht zu kurz. Haben Sie schon einmal Wave-Watching gemacht? Welch spannende Freizeitbeschäftigung sich dahinter verbirgt, erzählt Ihnen die Ozeanografin Mirjam Gleßmer auf Seite 42.

Und „Harz“ bezeichnet nicht nur ein Gebirge, sondern auch einen faszinierenden Rohstoff aus dem Wald, den sich Menschen schon seit Urzeiten zunutze machen: Aus dem Gold der Bäume stellten sie zum Beispiel Farben, Lacke, Klebstoffe oder Parfum her.

Jetzt im Herbst wird der Wolfsbestand ermittelt, der sich erfreulich gut entwickelt. Selbst Schäfer können sich vereinzelt schon mit den grauen Beutegreifern anfreunden. Mit wilder Natur zu leben will also auch gelernt sein – aber Lernen kann ja durchaus Spaß machen.

In diesem Sinne: Viel Vergnügen, und bleiben Sie gesund!

Herzlich Ihre

Vorherige Ausgaben von WOHLLEBENS WELT sind im GEO-Shop erhältlich

Herbstlicht

Klimamaschine Wälder verdunsten viel Flüssigkeit und entfalten dadurch einen spürbaren Kühleffekt. Zudem sorgen Bäume für ihr eigenes Wetter und bilden zuweilen Wolken – siehe Seite 8.

Sprache der Vögel Kraniche haben ein erstaunliches Gedächtnis und verfügen über ein großes Repertoire an Lauten. Im Herbst brechen sie zu einer abenteuerlichen Reise auf – siehe Seite 20.

Waldschutz bedeutet Klimaschutz – noch ist es nicht zu spät *Seite 8*

Wie überlebt man im Wald? Mit Katja Trippel bei einem Survival-Training im Harz *Seite 30*

Etwa
3
Prozent der irdischen Landfläche sind Moore

Moore bilden faszinierende Biotope und sind vielerorts bedroht – etwa in Schottland *Seite 60*

Der größte Zugvogel Europas startet gen Süden! Unterwegs mit Kranichen *Seite 20*

Jede Welle erzählt eine Geschichte: Was Wave-Watching so spannend macht *Seite 42*

Viele von ihnen sind bereits verschwunden: ein Plädoyer für die Allee *Seite 102*

Das Gold der Bäume Um sich zu schützen, produzieren manche Hölzer einen verblüffenden Stoff: Harz. Was Kiefer und Co. das Überleben sichert, ist auch für uns ungemein wertvoll (Seite 92).

Die Reise der Samen Ob ausgestattet mit Flügeln oder Fallschirmen, von Klebstoffen umhüllt oder mit Widerhaken bewehrt: Im Herbst schicken Pflanzen ihren Nachwuchs in die Welt (Seite 76).

Inhalt

Herbst 2020

Hör mal, wer da hämmert! Wieso bekommen Spechte keinen Brummschädel?
Seite 50

Der Wolf ist zurück in Deutschland. Und polarisiert die Menschen
Seite 52

Richtigstellung, Heft 6:
Beim Schreiben des Artikels über das Grundwasser hatte ich wohl ein Brett vorm Kopf (beim Förster ja nicht völlig abwegig): Dadurch wurden Angaben zum Niederschlag um den Faktor zehn zu niedrig angegeben.

Klein und niedlich – und doch giftig: die Wasserspitzmaus
Seite 74

Wie wichtig der Wald für unser Klima ist

Naturbelassene Wälder haben einen enormen Effekt auf das Klima: Sie speichern gigantische Mengen an Feuchtigkeit, bilden ihre eigenen Wolken und sorgen für erstaunliche Kühlung im Sommer

Text: Peter Wohlleben

Von Haus aus können Bäume mit einem Klimawandel sehr gut umgehen

Bäume mildern Temperaturunterschiede und gleichen so Klima-Extreme aus – je ausgedehnter der Wald, desto spürbarer die Wirkung

Könnte man Bäume nach zwei ihrer Wohlfühlkriterien fragen, würden die meisten antworten: kühl und feucht!

Der angenehme Effekt von Bäumen auf die Temperatur ist sehr deutlich in alten Laubwäldern wahrnehmbar, da sie eine besonders kühlende Wirkung in den Sommermonaten entfalten

Wälder machen Wetter: Wasser, das aus den Bäumen verdunstet und emporsteigt, legt sich zuweilen als Wolkendecke über die Kronen

Bis zu

500

Liter Wasser täglich verdunstet eine Eiche oder Buche

Aus Bäumen und Totholz aufsteigende Dämpfe führen mancherorts zur Bildung von Gewitterwolken

Im Vergleich zur Umgegend ist es in Wäldern um bis zu zehn Grad kühler. Davon profitieren in Hitzeperioden die zarten Sprößlinge

Bäume und Menschen haben in Bezug auf den Klimawandel exakt die gleichen Interessen!

Waldboden besteht zum Großteil aus abgestorbenem Pflanzenmaterial, das Feuchtigkeit teils wie ein Schwamm speichert

W

Wald ist in der Lage, sich in Zeiten des Klimawandels selber zu helfen – eigentlich. Sehen wir nicht bei jeder Fahrt durch das Land ganze bewaldete Höhenzüge, die uns in traurigem Braun entgegenleuchten? Das macht vielen Menschen Angst und liefert doch ein völlig falsches Bild von der Widerstandsfähigkeit heimischer Wälder.

Denn Bäume können mit einem Klimawandel von Haus aus sehr gut umgehen. Das müssen sie können, da sie sehr alt werden. Eine Lebensspanne von 500 Jahren und mehr ist keine Seltenheit, und so lange bleibt lokales Klima selten konstant.

Hitzeperioden mit Dürren, Kälteperioden mit viel Regen, all das muss ein Baum überstehen, um sich erfolgreich vermehren zu können.

Dennoch sind einzelne Bäume sehr empfindlich, wenn es zu gravierenden Veränderungen an ihrem Standort kommt. Was uns zunächst widersprüchlich erscheint, ist es nicht, wenn wir einen genaueren Blick in den Wald werfen.

Denn es ist nicht das Individuum, sondern die Gemeinschaft der Bäume, die den Schwankungen bei Temperaturen und Niederschlägen mit Erfolg trotzt.

Könnte man Bäume nach zwei ihrer Wohlfühlkriterien fragen, so lautete die Antwort sicher: kühl und feucht!

Sind Wälder ausreichend groß, so sind sie in der Lage, genau diesen Zustand auch an heißen Sommertagen herzustellen. Dazu verdunsten Buchen, Eichen und Co. bis zu 500 Liter Wasser täglich – pro Baum!

Dieses gemeinschaftliche Schwitzen senkt die Temperatur im Vergleich zur freien Landschaft um bis zu zehn Grad Celsius. Das haben Messungen der Oberflächentemperatur per Satellit ergeben, die die Hochschule für nachhaltige Entwicklung Eberswalde und das Potsdamer Institut für Klimafolgenforschung durchgeführt haben.

Nach wie vor wird Totholz aus vielen Wäldern entfernt, dabei ist es für den Wasserhaushalt und die Artenvielfalt in Wäldern von überragender Bedeutung

Mindestens

2

Millionen Liter Wasser kann ein Hektar Waldboden speichern

Ich selber konnte mich in dem ältesten nicht bewirtschafteten Buchenwald Deutschlands davon überzeugen: den sogenannten Heiligen Hallen, die in der Feldberger Seenlandschaft Mecklenburg-Vorpommerns liegen. Über 300 Jahre zählen die ältesten Bäume, die mächtig über verrottenden umgestürzten Stämmen stehen.

Geführt wurde ich von Professor Pierre Ibisch, einem der Initiatoren der Temperaturstudie. Er zeigte mir, dass diese Stämme gigantische Wasserspeicher sind. Ein Griff in die bröselnde Masse, und es floss Wasser heraus wie aus einem gedrückten Schwamm. Draußen in der Feldflur war es zu dieser Zeit staubtrocken, weil es seit vielen Wochen nicht geregnet hatte.

Der Wald bildet Wolken

Die Wasserverdunstung aus dem Totholz trägt zur Kühlung der Wälder bei, und die aufsteigenden Dämpfe bewirken noch etwas anderes: die Bildung von Gewitterwolken. Der Niederschlag über intakten alten Laubwäldern ist dadurch ➻

Die grüne Klimaanlage

Es sind gleich mehrere Effekte, die dafür sorgen, dass es in Wäldern kühler und feuchter als in der Umgebung ist

Die kühlende Wirkung von Wäldern im Sommer beruht zum kleinen Teil darauf, dass die belaubten Baumkronen Schatten werfen. Zudem entweicht aus Totholz Feuchtigkeit, und die Blätter schwitzen Wasser aus. Dafür ist Energie erforderlich, die der Umgebung als Wärme entzogen wird. Der Wasserdampf wiederum bildet Wolken, die sich abregnen: So bleibt die Feuchtigkeit im Wald.

signifikant höher; ein Effekt, der uns von Filmen über den südamerikanischen Regenwald geläufig ist. Dass dies bei uns genauso funktioniert, sollte daher eigentlich keine Überraschung sein.

Im Winter wird getankt

Obwohl Bäume gigantische Mengen an Wasser verdunsten, bleibt es durch die beschriebenen Effekte feuchter in unberührten Wäldern. Geringe Temperaturen, hohe Luftfeuchtigkeit und wenig Wind am Boden wirken einem Austrocknen der oberen Erdschichten entgegen. Zudem tanken Laubwälder im Winter besonders viel Wasser: Ihre kahlen Kronen lassen den Niederschlag fast ungehindert durchfallen, ganz im Gegensatz zu Nadelbäumen. In deren Kronen fängt sich über das Jahr gesehen bis zu 30 Prozent des Regens, der von den Zweigen gleich wieder ungenutzt in die Atmosphäre verdunstet.

Alte Buchen und Eichen haben auch eine besondere Eigenschaft, die unlängst entdeckt wurde: Sie versorgen sich aus tieferen Bodenschichten mit Wasser, welches vorwiegend aus dem Winter stammt. Entscheidend für die Waldgesundheit sind somit nicht die Sommer-,

Durch winzige Öffnungen in den Blättern schwitzen Bäume Wasserdampf aus. Dies senkt die Temperatur der Umgebung

sondern die Winterniederschläge. Der Winter 2019/20 war regenreich, der Tank im Boden entsprechend gut gefüllt. Da spielte das folgende trockene Frühjahr in etlichen Landstrichen keine große Rolle.

Moment, werden Sie vielleicht sagen, das sieht doch vielerorts ganz anders aus! Richtig, und überall dort haben wir Menschen die Klimamaschine Wald ramponiert oder ganz zerstört.

Dort, wo heute Äcker und Wiesen sind, standen einst geschlossene, dunkle Wälder. Sie wurden auf ein knappes Drittel des Bundesgebiets zurück- »→

Hierzulande gibt es nur wenige naturbelassene Wälder, die meisten werden so bewirtschaftet, dass es kaum zur Kühlwirkung kommt

Alte Buchen haben eine besondere Eigenschaft, die erst unlängst entdeckt wurde

gedrängt. Und dort, wo sie noch stehen, werden sie vielfach so bewirtschaftet, dass sich ihre Klimawirkung kaum noch entfalten kann.

Allein die Umwandlung von Buchenwäldern zu Nadelholzplantagen, selbst 2020 von staatlichen Verwaltungen noch durchgeführt, bewirkt eine Temperaturerhöhung in den Sommermonaten von bis zu acht Grad Celsius.

Aufgelichtete alte Laubwälder heizen sich ebenfalls auf, mit der Folge, dass mehr und mehr Buchen und Eichen entkräftet aufgeben. Wir sind also gerade dabei, die Klimabremse Wald zu versauen, wie Pierre Ibisch sagt.

Die Natur machen lassen

Dennoch gibt es Grund zum Optimismus. Denn die neuen Erkenntnisse zeigen uns, dass es sehr wohl einen Ausweg aus der Klimakrise gibt, der über die Einsparung von Treibhausgasen hinausgeht. Wir sollten dazu die alten, noch vorhandenen Laubwälder sofort unter Schutz stellen.

Der gerade angelaufene „Waldumbau" – weg von den Nadelholzplantagen, hin zu mehr Laubbäumen – muss ebenfalls beschleunigt werden.

Die zweite gute Nachricht: Dazu müssen wir die Natur nur machen lassen; auf den meisten Flächen, auf denen aktuell die Fichte stirbt, wachsen rasch millionenfach Laubbäume wie Birke, Pappel, Weide. Ganz ohne menschliche Hilfe. Oft folgen nach wenigen Jahren Buchen, Eichen, Ahorn oder Kirschen, die Wind und Vögel unter das Kronendach des Jungwaldes säen.

Eine weitere Option ist die Vergrößerung der Waldfläche. Global werden weit über 70 Prozent der landwirtschaftlichen Fläche für die Tierhaltung verwendet, direkt oder über die Erzeugung von Futtermitteln. Schon die Reduzierung des Fleischkonsums auf den klassischen Sonntagsbraten lässt gewaltige Spielräume für die Wiederbewaldung frei werden. Obwohl gerade alter Wald besonders viel Kohlenstoff aufnimmt, tragen auch Jungwälder rasch einen Anteil bei. Und dazu kommt: Jungwälder von heute sind die Altwälder von morgen – irgendwann muss man schließlich anfangen.

In der Summe bedeutet ein reduzierter Fleischverbrauch kühlere, niederschlagsreichere Sommer. Ein guter Tausch, wie ich finde.

Wenig hitzebeständig sind Fichtenplantagen, die zunehmend absterben

Über mehr als

150000

Blätter verdunstet eine alte Eiche Wasser

Die Forschung zeigt uns einen Ausweg aus der Krise!

Wenn Sie schon einmal einen Vorgeschmack auf die Leistung der Klimamaschine Wald haben möchten, dann machen Sie doch folgendes Experiment: Setzen Sie sich an einem heißen Sommertag auf die Terrasse unter den Sonnenschirm. Hier ist es zwar schattig, aber immer noch heiß.

Begeben Sie sich dann an einem ebenso heißen Tag in einen alten Laubwald. Dort ist es erheblich kühler, und das liegt kaum am Schatten. Dort werden Sie Zeuge des unglaublichen Kühleffekts, der schon so beeindruckend genug ist, obwohl unsere Waldflächen eher klein und fragmentiert sind. Wenn man nun bedenkt, dass größere Wälder noch viel besser kühlen, dass es dort noch sehr viel mehr Regen gibt, dann ist das doch ein schöner Ansporn, künftig mehr Raum für Bäume zu lassen. Denn Bäume und Menschen haben in Bezug auf den Klimawandel exakt dieselben Interessen.

Die FriedWald-Förster helfen Ihnen bei einer kostenlosen Führung dabei, den passenden Baum für die Naturbestattung auszusuchen

» Raschelndes Laub am Boden und bunte Blätter in den Baumkronen: **Im Wald** gibt es jetzt viel zu sehen. «

Oben: Im Herbst scheint die Sonne durch die Äste hindurch und taucht den Wald in ein ganz besonderes Licht
Mitte: Auf Wunsch weist eine Namenstafel auf die Ruhestätte hin
Unten: Die Beisetzung findet in einer biologisch abbaubaren Urne statt, die Graböffnung wird mit Zweigen oder Moos schmückend eingefasst

Ruhe im Wald finden

Eine majestätische Rotbuche? Oder eine alte Eiche? Spazieren Sie mit einem FriedWald-Förster durch einen Wald für Naturbestattungen und entdecken Sie den Baum für Ihre letzte Ruhestätte

DIE BLÄTTER HÜLLEN DEN WALD in warme Rot- und Gelbtöne, das Laub raschelt, dazwischen liegen Eicheln, Bucheckern und Kiefernzapfen. Vielleicht begegnet einem ein Igel auf seinem Weg ins Winterquartier. Die beruhigende Wirkung des Waldes, die man bei Spaziergängen empfindet, ist in einem FriedWald gerade für Hinterbliebene tröstlich. Seit 2001 bietet das Unternehmen als erster Anbieter in Deutschland Bestattungen unter Bäumen in biologisch abbaubaren Urnen an. Damit schafft FriedWald eine Alternative zu konventionellen Friedhöfen – im Einklang mit der Natur. Inzwischen gibt es über 70 FriedWald-Standorte in ganz Deutschland.

Sie möchten einen davon erkunden? FriedWald bietet regelmäßig kostenlose Waldführungen an. An mehreren Wochenenden im Monat können Sie einen FriedWald-Förster durch sein Gebiet begleiten. Bei dem Spaziergang erfahren Sie alles Wichtige über den Wald, die Baumarten und die Beisetzung, Sie sehen den Andachtsplatz und ein Beispiel für ein Urnengrab. Außerdem haben Sie die Möglichkeit, Ihren Baum zu entdecken – von der majestätischen Rotbuche bis zur knorrigen Eiche. Auch bei der Baumauswahl berät Sie der Förster und zeigt Ihnen Bäume, die für Sie allein oder für die ganze Familie als letzte Ruhestelle dienen können.

Den nächstgelegenen Wald finden Sie auf der Website von FriedWald. Melden Sie sich dort auch schnell und einfach für eine der Führungen an.

Oder rufen Sie direkt bei FriedWald an unter 06155 848-100.

Mehr Informationen unter: www.friedwald.de

FriedWald®
Die Bestattung in der Natur

Auf ihrem alljährlichen Zug fliegen Kraniche oft in V-Formation: Durch besondere Luftströmungen sparen die Vögel so wichtige Energie

Gemeinsam auf weite Reise

Kraniche sind höchst beeindruckende Vögel: Sie sind intelligent und lernfähig, haben ein ausgezeichnetes Gedächtnis, eine ganz eigene Sprache und brechen jeden Herbst auf zu einem abenteuerlichen Weg in den Süden

Text: Rainer Harf

Rund
9000
Kranichpaare brüten in Deutschland

Die Vögel erinnern sich ganz genau, wo sie schon einmal langgeflogen sind

Ab September versammeln sich Kraniche in großen Gruppen und fressen sich ein Fettpolster an: für den langen Flug gen Süden

Typisch **Kranich:** Im Flug strecken die Vögel ihren langen **Hals** und die **Beine** aus

Überflieger

Im Frühjahr führen Kraniche anmutige Balztänze auf und stimmen sich im Duett auf das anschließende Liebesspiel ein

K

Kilometerweit schallen Trompetenlaute durch die Septemberluft, wenn sich die Tiere zu Hunderten oder gar Tausenden auf Äckern und Wiesen versammeln. Immer wieder recken einige ihre Köpfe gen Himmel, öffnen die Schnäbel, dann ertönt jener durchdringende Ruf, den der althochdeutsche Name des majestätischen Vogels lautmalerisch nachahmt: „Cranuh", der Kranich. Genauer gesagt: der Graue Kranich, die einzige heimische Spezies von weltweit 15 Kranicharten.

Jetzt heißt es: Kraft tanken!

Anmutig schreiten die bis zu 1,30 Meter hohen, silbergrauen Vögel über die herbstlichen Stoppelfelder, vor allem in Brandenburg und Mecklenburg-Vorpommern. Aufmerksam beäugen sie den Untergrund und picken nach allem, was schmackhaft erscheint: Körnern, Kartoffeln, Insekten, Schnecken. Oder größeren Energiehappen wie Fröschen, Eidechsen, Mäusen. Dem scharfen Blick der hungrigen Allesfresser entgeht kaum etwas. Gut so, die Vögel müssen sich ein Fettpolster zulegen. Denn bald schon werden sie viel Kraft brauchen.

Vor ihnen liegt eine anstrengende Reise zu den Winterquartieren im Süden Europas, wo es in der kalten Jahreszeit mehr Futter gibt als hierzulande. Viele Kraniche, die sich auf den Feldern einfinden, sind schon Wochen zuvor in Skandinavien und Osteuropa aufgebrochen und machen bei uns Zwischenrast. Im Oktober verlassen die Tiere in großen Gruppen nach und nach Norddeutschland.

Auch Jungvögel – erst ein halbes Jahr alt – machen sich auf in für sie unbekanntes Terrain. „Wann die Zeit zum Abflug gekommen ist und wohin die Reise geht, das schauen sich die Jungspunde von den erfahreneren Tieren ab", sagt Kranichexperte Bernhard Weßling, der seit 40 Jahren die eleganten Vögel beobachtet und versucht, deren Verhalten und Sprache zu verstehen. „Kraniche sind intelligente, lernfähige Vögel, die ein erstaunliches Gedächtnis haben," sagt Weßling. „Sie merken sich genau, wo sie einmal langgeflogen sind, erkunden aber auch andere Gegenden und alternative Zugwege."

Für die größten Zugvögel Europas ist der Flug höchst energiezehrend, denn anders als Störche, die oft über weite Strecken segeln, schlagen Kraniche als Ruderflieger beständig mit ihren großen Schwingen (Spannweite bis zu 2,40 Meter!).

Meist im November erreichen die Kraniche ihr Ziel: Manche ➻

Des Kranichs schönster Schmuck ist seine »Schleppe«: lange Federn der Schwingen, die über den kurzen Schwanz herabhängen

Mit einer Höhe von 1,30 Metern und einer Flügelspannweite von 2,40 Metern ist der **Graue Kranich** der größte Zugvogel Mitteleuropas. Erkennungszeichen der eleganten Tiere ist ihre federlose **leuchtend rote Kopfplatte**. In freier Wildbahn können die Vögel bis zu 25, in Gefangenschaft gar 40 Jahre alt werden.

Silbergrau schimmern die Federn der Vögel, von denen manche im Herbst nach Nordafrika fliegen

Untreu Mittels aufwendiger Stimmanalysen fand der Forscher Bernhard Weßling heraus, dass mehr als die Hälfte aller verpartnerten Kraniche mindestens einen weiteren Sexualpartner haben.

Erfolg Naturschutzmaßnahmen – vor allem der Schutz von Feuchtgebieten – haben dazu geführt, dass der Bestand der Kraniche in den vergangenen Jahrzehnten stetig gewachsen ist.

Eine ganz besondere Vogelfamilie

Weltweit gibt es eine ganze Reihe von Kranicharten – jede für sich wunderschön

Grauer Kronenkranich

Schreikranich

Saruskranich

Jungfernkranich

15 Kranicharten gibt es weltweit, deren Vorkommen sich auf fast alle Kontinente verteilt. So lebt etwa der Graue Kronenkranich in Afrika, der Jungfernkranich in Südosteuropa und Asien, der Schreikranich in Nordamerika. Der mit einer Höhe von rund 175 Zentimetern größte Vertreter der Vogelfamilie ist der Saruskranich, der in Nordaustralien und Südostasien heimisch ist.

überwintern in Frankreich, andere fliegen weiter nach Spanien oder Nordafrika und bis nach Äthiopien. Doch lange werden sie nicht im Süden bleiben. Bereits im Februar kehren sie zu uns zurück. Denn nun heißt es: ein geeignetes Brutrevier finden. Und vor allem: tanzen.

Kranichpaare, die nicht selten ein Leben lang zusammenbleiben, führen jetzt graziöse Balztänze auf. Sie laufen umeinander, springen, schlagen mit ihren Flügeln, verneigen sich, stoßen Duettrufe aus. Bis sich die beiden schließlich paaren.

Zum Schutz vor Räubern bauen die bodenbrütenden Vögel ihr Nest im knietiefen Wasser von Mooren und Bruchwäldern. Je nach Untergrund und Wasserstand türmen sie dafür Pflanzenmaterial bis zu einen Meter im Durchmesser auf.

Familienzuwachs

Anfang April legt das Weibchen zwei Eier, aus denen einen Monat später die Küken schlüpfen. Die wenige Gramm leichten, flauschigen Vogelbabys sind erstaunlich mobil: Schon nach einem Tag folgen sie ihren Eltern ans Ufer und werden dort gefüttert. Behutsam reichen die Altvögel den Kleinen Heuschrecken, Käfer, Schnecken.

Tag für Tag unternehmen die Kranichfamilien Ausflüge in die nähere Umgebung, die Eltern führen ihren Nachwuchs gezielt auf Wiesen und Lichtungen, wo sich die Kleinen austoben und die Welt erkunden können. Zum Abend hin kehren die Familien stets auf ihre Wassernester zurück.

Die Jungen lernen rasch dazu, sie wissen nach wenigen Wochen schon, wie man selbst auf Futtersuche geht. Und wachsen schnell heran. Ende Juli sind sie bereits flügge, dann beginnt eine Art Flugtraining: Zunächst noch etwas unbeholfen, doch mit der Zeit immer sicherer fliegen die Halbstarken mit ihren Eltern nun zu etwas entfernter gelegenen Nahrungsplätzen.

Bis zu **7** *Kilo schwer wird ein ausgewachsener Kranich*

Im Flug wie auch während der gemeinsamen Futtersuche am Boden, kommunizieren die Familienmitglieder vielfach miteinander. „Kraniche verständigen sich auf komplexe Weise und beherrschen ein Repertoire von mehr als 30 verschiedenen Lauten," sagt Kranichforscher Weßling. „Es gibt Rufe des Erstaunens, des Erschreckens. Oder einen Warnruf, der soviel bedeutet wie: Adler in der Nähe!"

So ist es auch zum Herbst hin auf den abgeernteten Feldern und Äckern im Norden Deutschlands alles andere als still. Dann, wenn sich die kommunikativen Vögel in immer größeren Gruppen versammeln. Und es für die gerade einmal ein halbes Jahr alten Jungvögel bald losgeht.

Zu ihrer ersten Reise in den Süden.

Buchtipps

1. »Der Ruf der Kraniche« von Bernhard Weßling. Anschaulich schildert der Autor neueste Erkenntnisse über Verhalten, Intelligenz und Sprache der Vögel.
2. »Kraniche« von Carsten Linde. Atemberaubende Fotografien lassen staunen über die einzigartige Schönheit der Tiere.

Klimawandel Mildere Winter führen dazu, dass sich immer mehr Kraniche gegen die beschwerliche Reise in den Süden entscheiden und die dunkle Jahreszeit in Deutschland verbringen.

Die Website des Kranichschutzes Deutschland (www.kraniche.de) bietet umfassende Infos über die Vögel sowie die Möglichkeit, selbst für die Forschung aktiv zu werden, etwa als Kranichzähler.

Kraniche sind kommunikative Vögel, die über ein Repertoire von mehr als 30 Lauten verfügen

Die stolzen Eltern zeigen dem Nachwuchs die Welt

Anfang Mai schlüpfen zwei Küken, die von ihren Eltern liebevoll umsorgt werden

Was hat die *Mauerassel* mit Fischen gemein?

Text: Sabrina Winter Illustration: Rainer Harf

Dass der Mauerassel nicht die Luft ausgeht, verdankt sie einem besonderen Trick. Denn das Krebstier stammt ursprünglich aus dem Meer und atmet durch Kiemen – eine Technik, die an Land eigentlich gar nicht funktionieren dürfte

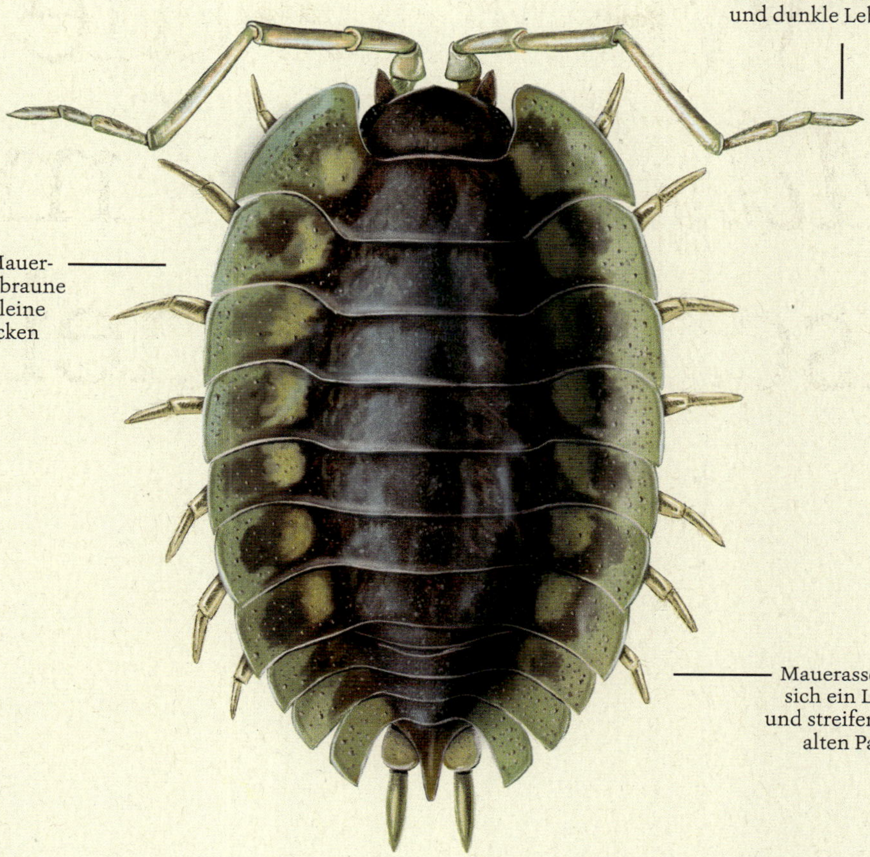

Mauerasseln kriechen mit ihren 14 Beinchen vor allem durch dunkle und feuchte Gebiete: Unter Steinen, Holz und Laub, in Höhlen, Komposthaufen und manchmal auch in Kellern oder Garagen fühlen sie sich wohl. Schon die Anzahl der Beine verrät: Das kleine Tier ist kein Insekt. Denn Insekten haben sechs Beine. Die Assel ist ein Krebstier. Ursprünglich lebte sie im Meer. Doch im Laufe der Evolution siedelten sich einige Arten an Land an. Eines hat die Mauerassel dabei behalten: ihre Kiemen.

Damit ist es normalerweise schwer, an Land zu atmen. Man denke nur daran, wie es anderen Kiementrägern außerhalb des Wassers ergeht: Angelt man einen Fisch aus dem See, erstickt er nach wenigen Atemzügen an der Luft. Seine Kiemen können ohne Wasser den Sauerstoff nicht aufnehmen. Die Mauerassel hat jedoch ein ausgeklügeltes System entwickelt, ihre Atmungsorgane die meiste Zeit mit einem Wasserfilm zu bedecken – und so auch an Land zu atmen: Jeden Wassertropfen, mit dem sie in Kontakt kommt, saugt sie durch die Furchen auf ihrem Rücken ein und leitet ihn zum Bauch. Dort führen Rinnen zwischen den Beingelenken das Wasser weiter zu den Hinterleibsfüßen, wo ihre Kiemen liegen. Sollte das mal nicht möglich sein, hat die Mauerassel noch einen weiteren Trick parat. Über sogenannte Behelfslungen kann sie auch atmen, wenn ihre Umgebung trocken ist. Dazu krümmt sie ihren Hinterleib, stößt mit der Bewegung die verbrauchte Luft aus und lässt neue einströmen.

Auch sonst hat die Krabblerin einiges drauf: Die Weibchen können bis zu 70 Jungtiere in den Brutbeuteln an ihren Bäuchen heranziehen. Außerdem produzieren die Krebstiere jede Menge Humus, indem sie tote Pflanzen und Tiere essen. Angesichts all der Raffinessen verwundert es nicht, dass die Mauerassel zum Höhlentier des Jahres 2020 gewählt wurde. ●

Schroffe Felsen prägen die Bergwildnis im Nationalpark Harz. Neben Füchsen, Rothirschen und Wildschweinen fühlt sich hier auch der wieder angesiedelte Luchs wohl

Abenteuer unter Fichten

Bei einem Survival-Training im Harz hat Autorin Katja Trippel erfahren, welche Überlebenstricks im Wald unverzichtbar sind – und dass gebratene Heuschrecken so köstlich schmecken wie Shrimps

Text: Katja Trippel Fotos: Christoph Neumann

Bevor es für die kalte Nacht in selbst gebaute Unterschlupfe geht, wärmt sich die Gruppe am Lagerfeuer auf

Die Autorin

Es geht durch dunkle, feuchte Täler, die in felsigen Schluchten enden und dem Mittelgebirge einen rauen, fast alpinen Look verleihen

Neugierig und entschlossen macht sich die Gruppe auf in den Wald – angeleitet von dem Survivalguide und Tourenführer Jens Habich (4. v. l.)

Manchmal fragt man sich als Autorin schon, wie die Redaktion entscheidet, auf welche Reise sie einen schickt. „Lust auf einen Survivaltrip?“, stand im Betreff der E-Mail. Gespannt klickte ich sie an. In Alaska? Oder Thailand? Fehlanzeige. Da stand: Im Harz. Im Herbst. „Unter professioneller Anleitung findest du essbare Pflanzen und baust deine Notunterkunft für die Nacht“, verspricht das Programm. Das kann ja heiter werden. Und heiter macht mich neugierig.

Die Sonne scheint, als der Fotograf Christoph Neumann und ich am frühen Morgen die Hügel des Westharzes hinaufsteigen zum Treffpunkt der Überlebensgruppe, einem Parkplatz auf der Oberharzer Hochebene bei Clausthal-Zellerfeld, auf 600 Metern.

Je höher wir kommen, umso mehr verdrängen dunkle Fichten die hellgrünen, freundlichen Buchenwälder. An unserem Treffpunkt steht der Nadelforst dicht und hoch. Und als wäre so ein Hänsel-und-Gretel-Setting nicht einschüchternd genug, macht unser Survivalguide Jens Habich zur Begrüßung klar: „Hier geht es nicht um hippen Outdoor-Kram wie Bushcraft oder Grillrezepte, sondern um Überlebenstechniken in Notsituationen. Ich hoffe, ihr seid bereit?“

Zehn Männer und drei Frauen zwischen 30 und 60 Jahren nicken. Ein paar entschlossen, die meisten grinsend. „Wird schon!“, rede ich mir gut zu, während wir querfeldein losmarschieren.

Ein ungewöhnliches Quartier

Im Camp, einer Lichtung mit Grillhütte mitten im Wald, rund zwei Kilometer vom nördlichsten Zipfel Clausthal-Zellerfelds entfernt, geht es erst einmal um unser nächtliches Notquartier. „Stellt euch vor, ihr habt euch verirrt und müsst eine kalte Nacht überleben“, skizziert Jens die Situation. „Wie baut ihr euer Shelter?“ Martin, ein 32-jähriger Hobbyjäger, weiß Bescheid: „Mit Reisig und einer Trapper-Matratze!“ „Auch Jägerbett genannt“, brummt Sebastian zustimmend. Aha? Wovon bitte sprechen die Herren?

Zur Anschauung führt uns Jens zu einer alten Fichte in den Forst. An ihrem Stamm lehnt auf etwa 80 Zentimeter Höhe ein dicker, langer Ast. Wie ein schiefer Dachfirst ist er beidseitig bis zum Boden mit Reisig bedeckt. Darunter sollen wir also schlafen? Jens nickt. „Je enger, umso wärmer.“

Ich muss mehr als 150 Meter weg vom Camp, bis ich am Ufer eines Bächleins das ideale Plätzchen entdecke: eine Fichte ohne Buschwerk drumherum, eine ebene, trockene Liegefläche ohne Sichtkontakt zum Nachbarn. Wenn schon Abenteuer, dann richtig! Mein erster Dachbalkenast ist morsch und kracht zusammen. Der zweite ist verdammt schwer, ich schaffe es trotzdem, ihn hochzuwuchten und zu stabilisieren. Tschakka! Mit dem Messer hacke ich die Zweige weg, die mir die Augen auspieksen könnten, dann gehe ich sammeln: ➻

Survival-Lektion Der Unterschied zwischen kalt und unterkühlt zeigt sich, wenn man Daumen und Mittelfinger aufeinanderdrückt. Treffen sich beide nicht mehr, wird es Zeit für ein Feuer.

Gegen den Durst Ein Kügelchen Fichtenharz, das man auf die Zunge legt, regt den Speichelfluss an. Wer nichts mehr zu trinken hat, kann so sein Durstgefühl für eine gewisse Zeit überwinden.

Mehr als
7200
Tier- und Pflanzenarten leben im Nationalpark Harz

Lehrstunde

Steil ragen die Klippen der Wolfswarte bei Altenau im Abendlicht über den Wäldern auf. Bei gutem Wetter reicht der Blick bis zum Brocken

Alpenglühen à la Niedersachsen: Mehr als fünf Kilometer sind es vom Gipfel des Bruchbergs bis zur nächsten Stadt

Die Autorin Katja Trippel sammelt Äste für ihr Jägerbett – wozu in einem Zelt schlafen, wenn man ein eigenes Shelter bauen kann?

Auf über

60

Prozent der Fläche ist der Wald sich selbst überlassen

Mit einem Zunderpilz lässt sich eine wild lodernde Flamme entfachen – doch ehe man sichs versieht, ist sie verglimmt

Wie schärft das Team seine Sinne im Wald? Indem es sich mit verbundenen Augen von Baum zu Baum hangelt

Dämmerung

Wache Sinne sind das beste *Equipment*

Äste an den Baum lehnen, Fichtenzweige darüberlegen – fertig ist der schützende Unterschlupf für die Nacht

Feuer schüren für den Morgenkaffee: Im Notfall kann die Glut überlebenswichtig sein und vor Unterkühlung bewahren

Nach dem Aufwachen scheint die Sonne durch neblige Baumkronen – allein dafür hat sich das Überleben gelohnt!

Rund
600
Kilometer Wanderwege schlängeln sich durch den Harz

Fundstücke

Die Nacht im Wald war überraschend ruhig und erholsam. Ein Grund: Forstarbeiten am Tage haben Wildschwein und Co. vertrieben

Frühstück

Survival-Training

Gegen einen leeren Magen hilft Wassertrinken, lernen die Teilnehmer. Als es Eier und Speck zum Frühstück gibt, ist die Erleichterung dennoch groß

Blätter und kleinere Zweige für die Matratze, Reisigäste fürs Dach.

Unsere zweite Survivallektion lautet: Feuer machen. „Feuer funktioniert wie die Liebe", erklärt Jens und hebt warnend den Zeigefinger. „Es beginnt mit einem Funken, dann wird's heiß, und am Ende verbrennt man sich die Finger."

Lautes Gelächter, die Stimmung in unserer Grillhütte hat etwas von Schulausflug. Erst recht, als unser Meister ein seltsames Sammelsurium auf dem Holztisch ausbreitet: Steine, ein Stückchen Pilz, einen Rohrkolben, Birkenrinde sowie Tampons. „Damit kriegen wir unser Feuer in Gang", erklärt er. „Der Feuerstein für den ersten Funken. Mithilfe der anderen Dinge, die ihr in der Natur oder einem Damenrucksack findet, wächst daraus eine Flamme."

Wir lernen: Der sogenannte Zunderpilz – das Streichholz des Mittelalters – gedeiht nur an kranken oder bereits toten Laubbäumen wie Buchen, aber nur sehr selten an Nadelstämmen. Und Rohrkolben wächst in feuchten Gebieten wie dem Harz mit seinen großen Moorarealen und insbesondere hier, im UNESCO-Weltkulturerbe Oberharzer Wasserregal, wo mehr als 100 historische Teiche und Gräben von der Harzer Bergbautradition zeugen.

Rohrkolben, deren Name ihr Aussehen recht genau beschreibt, sind idealer Zunder, in trockenem Zustand genauso entzündlich wie die ölhaltige Rinde von Birken, die in tieferen Gefilden stehen, oder wie die aufgefächerte Watte eines Tampons.

Kurzzeitig wird's heiß!

Tatsächlich bekomme ich eine wild lodernde Flamme hin. Doch statt ein Feuerchen anzuheizen, verglimmt sie, weil ich nicht genügend Brennmaterial vorbereitet habe. Mist! „Im Ernstfall darf das nicht passieren", warnt Jens, „Stichwort: Gefahr durch Unterkühlung."

Die nächste Übung fällt mir vergleichsweise leicht. Es geht darum, mich mit verbundenen Augen allein durch Fragen und Zuhören durch den Wald lotsen zu lassen, ohne zu stolpern. Andere Teilnehmer straucheln, fallen und geraten in Stress. Erst recht, als wir uns nach Einbruch der Dunkelheit – und hier oben wird es stockfinster – allein auf einen fernen Lichtpunkt zubewegen müssen. „Bleibt ruhig, lauscht in die Nacht, tastet und hört einander zu", empfiehlt uns Jens. „Das gilt vor allem für die Männer. Wache Sinne sind in Notsituationen das beste Equipment."

Er setzt generell mehr auf Köpfchen und Spaß als auf Machogehabe und Drill. Rein aus Spaß, wie er erzählte, habe er mehrere Monate als Trapper in Alaska verbracht und dabei gelernt, Forellen mit der Hand zu fangen und Huskys als Schlittenhunde zu trainieren. Er ist ein beeindruckender Typ, obwohl er zum Abendessen zunächst nur Heuschrecken und Mehlwürmer auftischt.

„Sehr eiweißhaltig", versucht er uns die Tierchen schmackhaft zu machen. „Aber ich gebe zu, nicht mein Ding. Zur Not würde ich sie in einer Suppe kochen, mit Löwenzahn und Brennnesselblättern, das senkt den Ekelfaktor." Hier ist sie, meine Chance, ihn auch ein wenig zu beeindrucken: Während er auf die Vorspeise verzichtet, greife ich eine Heuschrecke, werfe sie auf den Grill, drehe ihr, als sie knusprig ➜

Waldentwicklung Bis 2022 sollen drei Viertel des Nationalparks Harz zur sogenannten Naturdynamikzone gehören, wo sich die Wildnis ohne Eingriffe des Menschen frei entfalten kann.

Tierschutz Anfang 2000 wurde im Harz der erste Wiederansiedlungsversuch für die größte europäische Katze gestartet – mit Erfolg. Ausführliche Informationen unter luchsprojekt-harz.de.

Suppengrün aus dem Wald: Brennnesseln und Indisches Springkraut eignen sich hervorragend für eine schmackhafte Pflanzensuppe. Die spindelförmige Wiesenkeule (r.) sieht appetitlich aus – doch der Pilz ist ungenießbar

Es ist ungemein befriedigend, wenn man ohne Vorräte selber für sein Mittagessen sorgen kann

ist, den Kopf ab und schlucke sie ohne zu zucken hinunter. Der starke Mann schüttelt sich. „Und?" fragt er, „lecker?" „Wie gegrillte Shrimps", resümiere ich das Geschmackserlebnis, durchaus ehrlich. „Fehlt nur etwas Salz."

Es wird ein klassischer Lagerfeuerabend: Wein und Rum machen die Runde, Jens erzählt von einer Tour in Sibirien, als bei minus 56 Grad die Kiefernstämme vor Kälte explodierten. Das ist mein Stichwort: ab ins Reisigbettchen, bevor es zu kalt wird!

Auf der Suche nach dem Bett

Blöd nur, dass ich es im finsteren Wald nicht finde. Bin ich in die falsche Richtung gelaufen? Ich drehe um, doch auch vom Feuer keine Spur mehr. Was für eine Schnapsidee, mein Notquartier so weit weg vom Camp zu bauen!

Ich weiß nicht, wie viel Zeit vergeht, doch irgendwann vernehme ich ein leises Plätschern. Das muss mein Bächlein sein! Langsam bewege ich mich darauf zu, finde das Ufer, folge seinem Lauf – und stehe plötzlich vor meinem Unterschlupf. Dankbar kuschele ich mich in die warmen Daunen. Höre noch ein Käuzchen rufen, und schon bin ich eingeschlafen.

Als ich aufwache, ist es hell. Über mir scheint die Sonne durch die Baumkronen: was für eine wunderschöne Perspektive! Allein dafür hat sich das Überleben gelohnt.

Der Rest des Tages vergeht mit Wald- und Pflanzenkunde, was mir gut zupass kommt, weil meine Nüsse alle sind und ich so selbst für mein Mittagessen sorgen kann.

Wir sammeln Sauerklee, Löwenzahn und Sauerampfer, lernen, Kleines Springkraut von Indischem Springkraut zu unterscheiden, lösen Samenkapseln von Brennnesseln und Spitzwegerich, um sie auf dem Feuer zu rösten und gemeinsam mit unseren Blättern und Blüten zu einer Suppe zu verarbeiten.

Horizonterweiternd, so nennt Christoph den Geschmack. Und so gilt für die Suppe wie für das andere Survival-Know-how: Ich habe viel gelernt. Ich hatte großen Spaß. Und hoffe inständig, meine neuen Fähigkeiten im echten Leben nie wirklich zu brauchen.

Survival-Tipps

1. Nahrung finden. Im Wald sprießen Hunderte essbare Wildpflanzen. Verzehren Sie jedoch nur, was Sie kennen!
2. Wasser entkeimen. Wasser aus Bächen oder Seen sollte abgekocht werden (Ausnahme: frisches Quellwasser).
3. Shelter errichten. Ein Unterschlupf aus Nadelzweigen bietet Schutz vor Wind und Regen.

Erleben Auf bis zu 26 Meter Höhe führt ein Baumwipfelpfad bei Bad Harzburg durch alte Baumkronen und bietet auf 18 Plattformen Ausblick auf die umliegenden Wälder (baumwipfelpfad-harz.de).

Touren Wir haben den zweitägigen Kurs »Survival-Know-how« bei Adrenalintours gebucht. Jens Habich bietet unter anderem auch Wildnistage im Sauerland an (adrenalin-tours.de).

»Wave-Watching verändert den *Blick* auf die Natur«

Komm, wir gucken Wellen!

Wenn Mirjam Gleßmer am Wasser spazieren geht, interessiert sie sich vor allem für eines: die Wellen. Ein Phänomen der Natur, das viele kaum wahrnehmen

Die höchste im offenen Ozean je gemessene Welle war **30** *Meter hoch*

Wellen beruhen auf komplexer Physik – und sind einfach schön. Etwa, wenn sie »brechen«, also ineinanderfallen und dabei Schaumkronen bilden

»Wellen *beruhigen* die Gedanken und Gefühle«

Vieles beeinflusst den Gang der Wellen: Wind und Wassertemperatur, aber auch jedes Hindernis

Hohe Wellen entstehen oft weit draußen auf dem Meer in einem Sturm und rollen von dort Richtung Land. Erst wenn die Wassertiefe abnimmt, entwickeln sie schäumende Kronen

Wo Wellen nur sanft schaukeln und gleich hoch sind, ist das Wasser wohl tief

Es kostet Mut, auch die scheinbar einfachen Fragen zu stellen: Warum gibt es überhaupt Wellen? Und weshalb rauschen sie?

Die Ozeanografin Dr. Mirjam Gleßmer lebt in Kiel. Jeden Tag ist sie am Meer – und sooft es geht, fährt sie zur See

»Wellen sehen *nie gleich* aus«

Wenn der Untergrund flacher wird, können sich Wellen zu einer hohen Brandung auftürmen – doch direkt dahinter ist der Ozean vergleichsweise ruhig

Mirjam Gleßmer

Text: Bertram Weiß

Guck mal, das finde ich spannend!", ruft Mirjam Gleßmer und deutet in eine kleine Bucht der Kieler Förde. „Da sieht man ganz deutlich, wie sich ein Feld ganz langsam in eine ruhigere Zone schiebt". Es ist, als wäre die Wasseroberfläche dort, ein paar Meter vom Strand entfernt, in zwei Bereiche gegliedert: auf der rechten Seite glatt, nur leise wippend, doch von links tanzen Tausende kleine Berge und Täler heran. Fast jeden Tag spaziert Mirjam Gleßmer am Ufer des Meeresarms im Norden von Deutschland entlang. Doch die 38-Jährige schaut dabei anders auf das Wasser als die meisten Menschen. Während viele den Möwen nachblicken, Enten beobachten, die Wolken betrachten oder die Schiffe, die auf die Ostsee hinausfahren, hat die gebürtige Hamburgerin vor allem für eines Augen: die Wellen. „Die sehen nie gleich aus und sie bewegen sich nicht rein zufällig", sagt sie.

Für die meisten sind Wellen schön anzuschauen, sie beruhigen die Gedanken und Gefühle. Aber mehr weiß man mit den Bewegungen des Wassers kaum anzufangen. Gleßmer dagegen können die Wellen vieles erzählen: von ihrer Vergangenheit und ihrer Zukunft, von ihren Erlebnissen und ihrer Umgebung.

Wave-Watching

Die Wellenleserin liebt das Wasser, so lange sie sich erinnern kann. Als Kind beharrte sie darauf, so schnell wie möglich selbst ein Segelboot führen zu können, wurde Segellehrerin, studierte schließlich Ozeanografie, die Wissenschaft von den Meeren. Doch während sich ihre Forscherkollegen vor allem mit den großen Dimensionen der Ozeane beschäftigen, mit globalen Strömungen oder Einflüssen »→

Die Wellenleserin liebt das Wasser, so lange sie sich erinnern kann

»Komm, wir gucken Wasser«: Eine kleine Einführung in die Wellenkunde mit vielen anschaulichen Bildern hat Mirjam Gleßmer im Eigenverlag herausgebracht: mirjamglessmer.com/buch.

Wie man anhand der Wellen das Wetter erkennt und andere verblüffende Eigenheiten des Wassers erklärt Tristan Gooley in seinem Buch »Die geheimen Zeichen des Wassers« (Riva, 2017).

»Mir erzählen die Wellen, *was sie erlebt* haben«

Stoßen Wellen an eine Fläche (links) werden sie wie Licht auf einem Spiegel reflektiert und schwappen in eine andere Richtung weiter (rechts). So entsteht oft ein Muster von sich kreuzenden Wellen

Wave-Watching-Touren: Ihr Wissen gibt Mirjam Gleßmer regelmäßig weiter

»Wellen helfen, über *die Meere* nachzudenken«

9

Stärken unterscheidet die Skala für Seegang

des Klimas, fasziniert Gleßmer auch das Kleine: Jede wippende Welle kann ihr ein Anlass sein, stehen zu bleiben.

„Wave-Watching", nennt sie ihre Passion augenzwinkernd. Es ist für sie ein Weg, den Blick für die Natur zu schärfen, für die unbelebten Elemente, die doch nie leblos sind, nie ganz still. „Wellen helfen, um Klein und Groß für die Gewässer unserer Erde zu interessieren", sagt sie. Vielleicht sogar die Liebe zu Wasser zu wecken – und so auch verantwortliches Handeln.

Alte und junge Wellen

Gleßmer hat mit Forschungsschiffen entlegene Orte der Erde erkundet, etwa das Nordmeer um Spitzbergen, die subtropischen Gewässer vor Mauretanien oder den Süden des Indischen Ozeans. Und wer ihr zuhört, merkt schnell: Es gibt über Wellen weitaus mehr zu wissen als gedacht. Sie erzählt von Gezeiten, Dünung und Kämmen, von Langmuir-Zirkulation und hydraulischen Sprüngen. Von alten und jungen Wellen – von jenen, die brechen, und solchen, die gebrochen werden. Doch all das tut Gleßmer auf eine Weise, die leicht verständlich ist. Sie bringt die Wellenkunde sogar in die Küche: „Kitchen Oceanography" nennt sie ihre kleinen Experimente, mit denen sie vorführt, welche Phänomene in Flüssen, Seen und Meeren zu entdecken sind. Mal im Waschbecken, mal auch nur in einer Tasse.

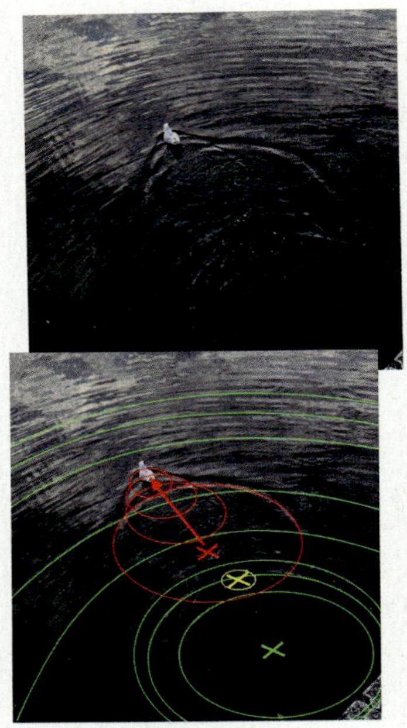

Wellen verschiedenen Ursprungs – etwa von einer Möwe (rot) oder Brotkrumen (grün und gelb) – heben sich nicht auf, sie überlagern einander

Sie erzählt von Gezeiten, Dünung und Kämmen

„Denn meist sind es die scheinbar einfachen Fragen, die Menschen beschäftigen, wenn sie anfangen über Wellen nachzudenken."

Oft aber muss sie erst einmal Mut machen, die Fragen auch auszusprechen, mögen sie auch noch so schlicht erscheinen: Warum überhaupt gibt es Wellen? Wie entsteht der Schaum auf den Kronen? Oder: Weshalb hören wir Meeresrauschen? Gleßmer weiß auf all das schnell eine Antwort: Ohne Wind gäbe es kaum Wellen. Wenn sie in sich selbst zusammenfallen, fängt das Wasser Luft in winzigen Blasen ein – Schaum entsteht. Und wenn diese Bläschen milliardenfach platzen, klingt es für uns wie Rauschen.

Wellen verändern den Blick auf die Welt. Wenn die Menschen erst mit Fragen loslegen und Gleßmer zu antworten beginnt, kundig und unterhaltsam, dann ist der Effekt oft ähnlich.

„Mit einem Mal fangen die Leute an, auch andere ans Wasser zu locken", erzählt Gleßmer. „Und gehen Wellen gucken."

Warum lockt uns Wasser so magisch an? Dieser Frage geht der US-Wissenschaftsautor Wallace J. Nichols in seinem Buch »Blue Mind« nach (erscheint im Oktober 2020 auch auf Deutsch).

Maxie und Ronja haben noch wenig Ahnung von Meeren – aber wollen alles wissen. Im Podcast »Treibholz« tauchen die beiden mit Experten in die Ozeanografie ein: treibholz-podcast.de.

Warum bekommt der *Specht* keine Kopfschmerzen?

Text und Illustration: Rainer Harf

Tock, tock, tock: In schneller Folge hämmern Spechte ihren Schnabel gegen Baumstämme. Dass die Vögel keinen Brummschädel bekommen, liegt an einer Reihe erstaunlicher Besonderheiten

Bis zu 20 Mal pro Sekunde hämmern Spechte mit ihrem Schnabel auf Baumstämme ein. Manche suchen unter der Rinde nach schmackhaften Insekten. Andere nutzen den Klopfsound zu Kommunikationszwecken. Oder sie meißeln Nisthöhlen ins Holz. So zum Beispiel der hier gezeigte Grünspecht, der auf der Suche nach seiner Leibspeise, Ameisen, meist auf dem Boden herumhüpft und daher eher selten seinen Kopf gegen Holz haut.

Bei jedem Hämmern wirken gewaltige Kräfte auf das Haupt der hübschen Vögel. Wagten wir Menschen nur einen einzigen solchen Trommelwirbel: Rasende Kopfschmerzen oder gar eine Gehirnerschütterung wären die Folge. Doch Spechte sind aufgrund einer ganzen Reihe evolutionärer Anpassungen bestens gewappnet gegen einen Brummschädel.

Zum einen liegt das Gehirn der Vögel nicht direkt hinter dem Schnabel, sondern oberhalb: So wird es nicht von der ganzen Wucht des Schlages getroffen. Zum anderen haben Spechte ein winziges Denkorgan – meist wiegt es nicht einmal zwei Gramm. Je größer das Hirn, desto größer auch seine Masse – und damit das Risiko einer Verletzung bei Erschütterungen.

Hinzu kommt: Das Spechthirn füllt den Schädel passgenau aus. Anders als unser Denkorgan, das von Flüssigkeit umspült wird, prallt das Gehirn des Spechts daher beim Hämmern nicht von innen an den Schädelknochen. Und: Das kleine Oberstübchen liegt leicht angewinkelt im Schädel – wie ein halber Apfel, dessen flache Seite nach vorn weist. Raffiniert: Denn dadurch ist die Oberfläche größer, die beim Aufprall die Energie aufnehmen kann.

Zu guter Letzt besitzen Spechte natürliche Stoßdämpfer: biegsame Knochengelenke und kräftige Schnabelmuskeln, die sie beim Hämmern anspannen. Aus gutem Grund schließen die schlagkräftigen Vögel dabei auch ihre Lider. Damit ihnen die Wucht des Aufpralls nicht die Augen aus den Höhlen drückt. ●

Ich bin wieder da!

Einst gnadenlos vom Menschen verfolgt, sind Wölfe nach Deutschland zurückgekehrt. Eine enorme Erfolgsgeschichte für den Naturschutz, aber auch eine große Herausforderung – denn nicht alle Menschen freuen sich über die Rückkehr der Raubtiere

Text und Fotos: Axel Gomille

Bis zu
13
Jahre alt werden Wölfe in freier Wildbahn

Im Unterschied zum Schäferhund, mit dem er manchmal verwechselt wird, hat der Wolf eine gerade Rückenlinie und lässt den Schwanz meist hängen. Die Schwanzspitze ist schwarz

Es ist keine Wildnis, auf die ich hier blicke, und doch befinde ich mich mitten im deutschen Wolfsgebiet: auf dem sächsischen Truppenübungsplatz Oberlausitz.

Ich hocke auf einem Hochsitz am Rande einer der vielen Brandschutzschneisen, die das riesige unbewohnte Gebiet durchziehen.

Ein Kolkrabe krächzt in der Ferne. Der sandige Boden ist mit Tierspuren übersät: Rehe, Rothirsche, Wildschweine, Füchse – aber auch Wölfe haben hier ihre Fährten hinterlassen.

Und tatsächlich passiert nach einer Weile das Unglaubliche: Ein Wolf tritt aus dem Wald. Immer wieder hält er inne, um mit gesenkter Schnauze die Gerüche einzufangen, die verschiedene Waldbewohner hinterlassen haben. Ich kann es kaum fassen – es ist meine erste Begegnung mit einem wild lebenden Wolf in Deutschland.

Isegrim liest weiter mit seiner empfindlichen Nase in den Gerüchen und kommt dabei immer näher. Plötzlich trägt ihm der Wind auch meinen Duft zu. Nach einer kurzen Schrecksekunde wechselt der Wolf sofort Gangart und Richtung und läuft in den dichten Wald. Menschen mag er offenbar nicht.

Ein scheues Raubtier

Mehr als zehn Jahre ist das nun her, und Hunderte weitere Begegnungen folgten. So wie dieser Wolf verhalten sich auch die meisten seiner Artgenossen. Sie ziehen sich zurück, sobald sie die Gegenwart von Menschen bemerken. Deswegen sind viele Aspekte ihres Lebens kaum bekannt.

Die Biologinnen Ilka Reinhardt und Gesa Kluth vom „LUPUS Institut für Wolfsmonitoring und -forschung in Deutschland" arbeiten seit vielen Jahren daran, dies zu ändern. „Nachwuchs, Abwanderungen, Verwandtschaftsverhältnisse, Todesfälle – all das wird untersucht, um beurteilen zu können, wie sich der Wolfsbestand entwickelt", sagt Ilka Reinhardt.

Auch der Nachweis des ersten Wolfes fand im militärischen Sperrgebiet statt. Ein historisches Ereignis hatte dafür die Weichen gestellt: Mit der deutschen Wiedervereinigung änderte sich auch die Gesetzeslage. Seit 1990 steht der Wolf in ganz Deutschland unter strengem Schutz.

Getan wurde für die Tiere jedoch nichts. Tatsächlich beschränkte sich der Schutz darauf, die Wölfe nicht mehr abzuschießen. Das war noch zu DDR-Zeiten gängige Praxis, wenn Tiere aus dem Osten einwanderten.

Ende der 1990er Jahre schließlich wurde der Truppenübungsplatz Oberlausitz zur neuen Heimat für einen Rüden und eine Wölfin, die aus Polen zugewandert waren.

Im Jahr 2000 kamen dann Welpen im militärischen Sperrgebiet zur »→

Ein frischer Fußabdruck verrät die Anwesenheit des Wolfs. Zu Gesicht bekommt man das Tier nur höchst selten

Vergleich

Hunde bewegen sich eher planlos durch ein Gelände, der Wolf dagegen zielgerichtet, geradlinig, kräftesparend

Über Grenzen hinweg Mittlerweile sind schon mehrfach Wölfe in die Nachbarländer ausgewandert. So haben sich Tiere aus Deutschland auch in Dänemark und den Niederlanden etabliert.

Grimms Märchen, in denen der Wolf Rotkäppchen, die Großmutter und die sieben Geißlein verspeist, trugen maßgeblich dazu bei, dass das Bild des »bösen Wolfs« zum deutschen Kulturgut wurde.

Die meisten Wölfe *ziehen sich zurück,* sobald sie die Gegenwart von Menschen bemerken

Neben dem Gehör und der Nase sind auch die Augen des Wolfs ausgezeichnet. Selbst bei Nacht kann er hervorragend sehen

Wölfe sind hochsozial und intelligent, sie leben in Familienverbänden von fünf bis zehn Tieren. Eine Wölfin wirft im Frühling zumeist vier bis sechs Welpen. Oft passen Jährlinge, also Wölfe aus dem Vorjahr, auf ihre jüngeren Geschwister auf

Verspielt

Manche Jäger haben *wenig Verständnis* für Wölfe: weil sie seltener zum Schuss kommen

Pyrenäen-Berghunde sind speziell dafür gezüchtet, Schafe zu bewachen – in Kombination mit Elektrozäunen bieten sie einen guten Schutz vor Wolfsangriffen

Welt. Es waren die ersten in Deutschland geborenen wild lebenden Wölfe seit rund 150 Jahren. Zuvor waren sie bei uns systematisch ausgerottet worden – die Rückkehr der Wölfe war deshalb eine Sensation.

Der Bestand wächst

Heute erstreckt sich das Vorkommen der deutschen Wölfe vom Osten Sachsens über Brandenburg und Sachsen-Anhalt bis in die Lüneburger Heide nach Niedersachsen. In diesem Bereich gibt es die meisten Wölfe mit etablierten Territorien.

Nach offiziellen Angaben des Bundesamtes für Naturschutz leben inzwischen 105 Rudel, 25 Wolfspaare und 13 sesshafte Einzeltiere in Deutschland (Stand: Dezember 2019).

Insgesamt könnten es um die 800 bis 900 Wölfe sein – ganz genau weiß das niemand, weil sie sich nicht leicht beobachten lassen und die Rudelgrößen schwanken.

Zurzeit wächst der Wolfsbestand jährlich um rund 25 Prozent. Deutschland verfügt mit seinen waldreichen Mittelgebirgen sowie den Alpen und ihrem Vorland über viele Regionen, die für Wölfe geeignet wären, die aber noch nicht wieder besiedelt sind. Je nachdem, mit welchen Bezugsgrößen man rechnet, könnten laut Bundesamt für Naturschutz in Deutschland geeignete Naturräume für etwa 700 bis 1400 Wolfsterritorien vorhanden sein.

Gesehen werden die Tiere allerdings kaum.

Frank Neumann ist ihnen jedoch schon häufiger begegnet. Zusammen mit seiner Familie betreibt er in der Lausitz eine große Schafzucht. Für sich selbst sieht er keine Gefahr, für seine Schafe indessen schon.

Die schützt er mit Elektrozäunen und speziellen Herdenschutzhunden. Der Durchbruch gelang damit, Pyrenäen-Berghunde im Team arbeiten zu lassen. Diese Rasse wird in ihrer Heimat seit Jahrhunderten speziell zum Schutz vor Raubtieren wie Wölfen und Bären gezüchtet. Nach fünf Wolfsangriffen mit insgesamt 38 getöteten Schafen kehrte schließlich Ruhe ein.

Aufgrund seiner jahrelangen Erfahrung ist Frank Neumann mittlerweile davon überzeugt, dass er „seine" Wölfe erziehen kann. Sie versuchen zwar anfangs ihr

Wölfe brauchen keine unberührte Landschaft. Sie brauchen nur die Gelegenheit, leben zu dürfen. Und die sollten wir ihnen geben!

Glück, irgendwann lernen die Wölfe aber, dass sich die Mühe nicht lohnt, und suchen sich andere Nahrung.

Eine raffinierte Methode

Gleichzeitig verteidigen die lokalen Wölfe ihr Revier gegen fremde Artgenossen. „Mein Rudel lässt einfach keine fremden Wölfe mehr hier durch", erläutert der Schäfer. „Dadurch schützen die Wölfe, die hier leben, meine Schafe genauso wie die Herdenschutzhunde. Es dauert ein paar Jahre, bis man es begriffen hat." Diese erstaunliche Methode funktioniert sehr gut, und seitdem gab es keine Übergriffe mehr auf seine Schafe.

Weniger Verständnis für Wölfe haben jedoch manche Jäger, weil sie seltener zum Schuss kommen. Das Wild ist vorsichtiger, seit die Raubtiere wieder die Wälder durchstreifen, und einige gönnen dem Wolf nicht »→

Ein lange vergessener *Teil der Natur* wird allmählich wieder zur Normalität

seinen Anteil an „ihrer" Jagdstrecke.

Schutz per Gesetz

Immer wieder werden Wölfe daher illegal abgeschossen. In solchen Fällen ermittelt die Kriminalpolizei, denn nach deutschem Gesetz genießen die Wölfe höchsten Schutz. Sie vorsätzlich zu töten ist eine Straftat. Mögliche Folgen sind der lebenslange Entzug des Jagdscheins, Geldbußen von bis zu 50000 Euro und Gefängnis bis zu fünf Jahren.

Doch die Zahl der Menschen, die dem Wolf ablehnend gegenüberstehen, scheint zu sinken. „Die Zeit arbeitet für die Wölfe", sagt Ilka Reinhardt. „Und je länger die Menschen mit den Tieren leben und merken, dass das ihren Alltag überhaupt nicht betrifft, desto schneller legt sich auch diese Aufregung wieder", ergänzt sie.

Die Menschen können weiterhin im Wald spazieren gehen und sehen dabei so gut wie nie einen Wolf. Deshalb werden auch in den Gebieten, die Wölfe erst kürzlich wieder zurückerobert haben, die Stammtischgespräche nach einer Weile wieder leiser. Genauso wie damals in der Lausitz.

Der Wandel in den Köpfen hat längst begonnen. Ein lange vergessener Teil der Natur ist zurückgekehrt und wird langsam wieder zur Normalität. Wölfe können in Deutschland sehr gut überleben. Sie können sich in der Kulturlandschaft weiter ausbreiten, denn Wölfe brauchen keine Wildnis. Es hängt von den Menschen ab, ob sie den Mythos vom bösen Wolf überwinden, und den Tieren diesmal eine Chance geben.

Zum Weiterlesen: »Deutschlands Wilde Wölfe« von Axel Gomille, Biologe und Fotograf

VERBREITUNG

Der Weg der Wölfe

Von Polen her kamen die ersten Wölfe zu uns, inzwischen verbreiten sie sich immer weiter

105 Rudel, 25 Wolfspaare und 13 sesshafte Einzeltiere leben nach aktuellen Angaben (Dezember 2019) des Bundesamtes für Naturschutz in Deutschland. Angesichts der vermehrt auftretenden Wölfe kursieren immer wieder Gerüchte, sie seien von Menschen angesiedelt worden. Das ist jedoch nicht der Fall. Mithilfe genetischer Analysen lässt sich zweifelsfrei belegen, dass es sich um völlig natürliche Wanderungen der Tiere handelt. Längst grenzt zum Beispiel in der Lausitz, im Osten der Bundesrepublik, ein Wolfsrevier ans nächste.

Topräuber Der Wolf hat in Deutschland keine natürlichen Feinde und steht an der Spitze der Nahrungskette. Nach dem Straßenverkehr sind illegale Abschüsse eine der häufigsten Todesursachen von Wölfen.

Nahrung Ein ausgewachsener Wolf benötigt im Schnitt täglich einige Kilogramm reines Fleisch. Allerdings ist es normal, dass die Tiere mehrere Tage lang nichts fressen.

BEDROHTES FEUCHTGEBIET

Mission im

Die Moorlandschaften von Flow Country haben sich über Jahrtausende entwickelt – und gigantische Mengen Kohlenstoff eingelagert

Moor

In Schottland versuchen Naturschützer, verloren gegangene Feuchtgebiete zu renaturieren. Ihr Vorhaben ist gewaltig – und gewagt

Text: Jenny Niederstadt

Wenn die Sonne über die Ebenen streicht, offenbart die Landschaft ihren ganzen Zauber!

Nur
3
Prozent der irdischen Landfläche sind Moore

Einer der Greifvögel in Flow Country – die Kornweihe – macht Jagd auf kleine Säuger

Ein Netz aus Wasserläufen durchzieht Flow Country. Doch kommerzielle Forstplantagen haben den Böden mancherorts über Jahrzehnte Wasser entzogen

Der Goldregenpfeifer (l.) brütet auf Mooren, nassen Heiden und feuchten Grasflächen. Im durchtränkten Moos fühlt sich auch der Sonnentau (o.) wohl

*Die Region ist eines der wichtigsten **Rückzugsgebiete** für Vögel in ganz Europa. Auch aus diesem Grund hofft die schottische Regeriung, dass die Unesco das Gebiet zum **Weltnaturerbe** erklärt*

Einst sollte das *feuchte Paradies* trockengelegt werden. Gelingt nun die Kehrtwende?

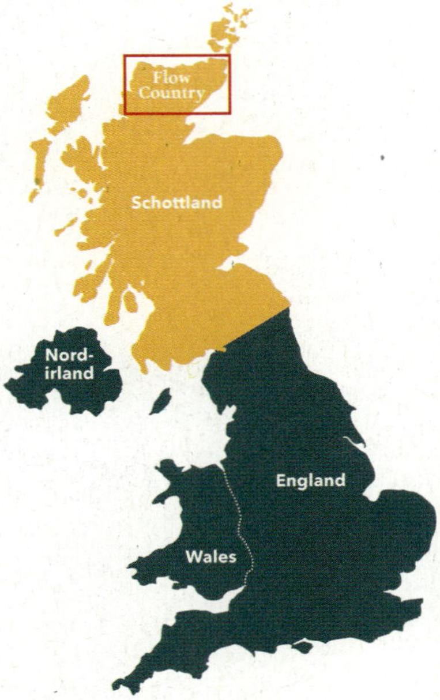

Über 4000 Quadratkilometer erstreckt sich Flow Country, das größte noch vorhandene Deckenmoor Europas – und damit unschätzbares Refugium für zahlreiche bedrohte Spezies

Mamba nennen Einheimische die Gegend, „miles and miles of bugger all" – zu Deutsch etwa: Überall nur Mist. Und tatsächlich mag Flow Country an trüben Tagen öde wirken: Über Kilometer hinweg ragt kein Baum aus der Moorlandschaft, schwarze Tümpel verstecken sich im Moos, und da ist kaum ein Fels, an dem sich der Blick festhalten mag.

Doch wenn die Wolkendecke aufreißt und die Sonne über die Ebenen hier im Norden Schottlands streicht, offenbart die Landschaft ihren ganzen Zauber: Heide und Gräser leuchten auf, Tau perlt an den Blättern von Fieberklee und Siebenstern, Wasserlöcher zeigen sich als glitzernde Bänder.

Gerade sie machen die Region zu einem der wichtigsten Rückzugsgebiete für Vögel in ganz Europa: Trauerenten ziehen schnatternd mit ihren Jungen über Teiche, Alpenstrandläufer picken im weichen Untergrund nach Würmern, und an den Ufern trippeln Grünschenkel ihr markantes Hin und Her. Einige bedrohte Arten sind hier noch zahlreich zu finden: Der Goldregenpfeifer etwa ist in Deutschland nahezu ausgestorben, in Flow Country aber brüten im Sommer bis zu 60 000 Paare.

„Die Bedeutung der Region für die Artenvielfalt ist kaum zu überschätzen", betont auch Hans Joosten, Moorforscher an der Universität Greifswald. Er gilt als einer der führenden Experten für die empfindlichen Biotope und hat den Landstrich in Schottland vor Kurzem begutachtet – im Auftrag der Schottischen Regierung. Denn sie hofft, dass die Unesco das 4000 Quadratkilometer große Gebiet zum Weltnaturerbe erklärt.

Fehler wiedergutmachen

Was Flow Country so besonders macht? Es ist das größte noch erhaltene Deckenmoor Europas. Und die Schotten planen, es sogar noch zu erweitern: Zerstörte Areale wollen sie renaturieren. Auf ersten Flächen des Landstrichs zwischen Caithness und Sutherland scheint diese Trendwende sogar schon gelungen.

Deckenmoore wie hier entstehen nur in Regionen mit niedrigen Temperaturen und sehr regelmäßigen Niederschlägen. „Dann bildet sich nicht nur in den Senken Torf, sondern auch auf den Hügeln", erklärt Joosten. Schottland bietet diese klimatischen Bedingungen über weite Strecken, weshalb dort etwa 20 Prozent aller Böden als Moore gelten – wie „Decken" legen sie sich vielerorts über ganze Landstriche. Weltweit liegt der Durchschnitt bei nur drei Prozent. Und anders als im Rest Westeuropas bleiben die Feuchtgebiete hier weitgehend erhalten – auch weil die Region dünn besiedelt ist.

Torf wird zwar auch in Schottland seit Jahrhunderten gestochen, große Eingriffe erlitt die Landschaft aber erst in den 1970er und 80er Jahren: Mamba sollte Gewinn bringen und dafür trockengelegt werden.

Landbesitzern bot die Regierung damals Steuervergünstigungen an für das Graben von Entwässerungskanälen. Auf einigen Arealen wurden auch Bäume gepflanzt, Monokulturen aus Kiefern und Fichten, die hier nicht heimisch sind, aber Holz liefern und dem Boden zusätzlich Wasser entziehen sollten. Britische Vogelschützer reagierten empört, kauften schließlich sogar einen Teil der Moore auf. Dort blockierten sie Drainagen und fällten neu gepflanzte Bäume. ↠

Moore bestehen zu 95 Prozent aus Wasser – und sind damit nasser als Milch oder Bier. Dennoch kann man oft auf ihnen laufen.

Im Ersten Weltkrieg wurde das Torfmoos der Region systematisch geerntet – als Wundabdeckung, weil Verbandsmaterial rar war.

Die Aufforstungen erwiesen sich als wenig rentabel: Das Holz ist eher minderwertig und eignet sich lediglich als Brennstoff.

Auf sauren Moorböden gedeihen Wollgräser prächtig

*Wo **Baumplantagen** gepflanzt wurden, soll wieder Moor entstehen. Doch bis die gerodeten Flächen erneut verwässert sind und **Kohlenstoff speichern**, werden Jahrzehnte vergehen*

Insbesondere Wühlmäuse nimmt die selten gewordene Sumpfohreule ins Visier, wenn sie durch die Luft gleitet – am liebsten über Feuchtgebieten

Einige Areale haben sich bereits gut erholt. Doch die *Renaturierung* ist äußerst kompliziert

Unterstützt werden sie mittlerweile von Klimaforschern, denn Moore gelten als besonders wichtig für den Klimahaushalt der Erde: Die Feuchtbiotope speichern gewaltige Mengen an Kohlenstoff.

Das Erdreich von Flow Country etwa soll 400 Millionen Tonnen bunkern – doppelt so viel wie die Wälder ganz Großbritanniens. Fallen Moore trocken, können sie diese gewaltigen Mengen Kohlenstoff freisetzen.

Um dies zu verhindern, hat sich die schottische Regierung zur Kehrtwende entschieden: Heute zahlt sie Prämien an Landbesitzer, die Entwässerungskanäle zuschütten und die Aufforstungen der Vergangenheit beseitigen. Bis zum Jahr 2030 sollen so 250 000 Hektar Moor renaturiert werden.

Ob diese Rolle rückwärts gelingt, ist noch unsicher, denn Torf bildet sich extrem langsam: Im Mittel wächst er nur einen Millimeter pro Jahr. Er entsteht, wenn abgestorbene Pflanzen kaum verwesen können, weil sie eingeschlossen werden von Wasser und Moos. Der in den Pflanzen enthaltene Kohlenstoff wird dadurch dauerhaft im Torf gebunden und kann nicht als klimaschädliches Gas entweichen.

Auch die renaturierten Böden von Flow Country sollen künftig wieder so arbeiten. Dort überprüfen deshalb Messtürme den Gasaustausch am Boden. Erste Untersuchungen stimmen optimistisch: Einige der Areale, die die britischen Vogelfreunde bereits vor 17 Jahren bearbeitet hatten, nehmen heute bereits wieder Kohlenstoff auf. Auch die Wasserqualität dort hat sich verbessert, Moose sind zurückgekehrt. Künftig könne die Renaturierung sogar binnen zehn Jahren gelingen, hoffen die Wissenschaftler in Schottland. Dazu müssten die Bäume der Waldplantagen mitsamt ihren Wurzeln sehr schonend entfernt werden – damit wenig Nährstoffe in den Grund gelangen.

Die wirtschaftliche Nutzung des Gebiets hat eine lange Tradition – etwa der Abbau von Torf, der in der Medizin Verwendung findet, als Brennstoff oder im Gartenbau

Doch andere Forscher warnen vor vorschnellem Fällen: „Junge Wälder nehmen schon früh große Mengen Kohlenstoff auf. Moore bauen ihre gewaltige Speicherkapazität dagegen nur sehr langsam auf", erklärt die Biologin Dorothee Killman. Gemeinsam mit Eberhard Fischer und Burkhard Leh von der AG Botanik an der Universität Koblenz-Landau hat die Wissenschaftlerin die Renaturierungsmaßnahmen der Hangmoore im Nationalpark Hunsrück-Hochwald intensiv begleitet.

Da Moore so lange brauchen, um ihren Kohlenstoffspeicher zu bilden, könnte auf den gerodeten Böden die Klimabilanz über Jahrzehnte hinweg negativ ausfallen.

Und auch die Wiedervernässerung von Mooren gelinge nicht immer reibungslos, so Killmann. In Deutschland etwa sei manches Projekt daran gescheitert. Vorhaben wie in Schottland, die wissenschaftlich ausgewertet werden, seien daher von großer Bedeutung: „Wir müssen klären, auf welchen Böden sich Moore tatsächlich sinnvoll renaturieren lassen."

Das Fernziel vor Augen

17 Prozent der Moorflächen von Flow Country wurden bereits entwässert. Sie wieder in Kohlenstoff-Senken zu verwandeln, sei ein Fernziel, sagt auch Joosten. Viel sei aber schon gewonnen, wenn sie zumindest klimaneutral würden.

Und mit ihnen ein wichtiges Habitat für Europas Vögel erhalten bliebe. Für Grünschenkel und Goldregenpfeifer, Kornweihe und Misteldrossel – sie finden Zuflucht hier im Norden Schottlands, in der rauen Schönheit von Flow Country.

Pläne für einen Weltraumbahnhof in der Region erzürnen Umweltschützer: Die Anlage könnte das Moor weiter bedrohen.

Die Forstplantagen lockten ursprünglich nicht heimische Füchse und Marder an – die stellen seither den Bodenbrütern nach.

Weitere Informationen zum Naturschutzprojekt bietet das opulent aufbereitete Webportal theflowcountry.org.uk.

11 Tipps: So helfen Sie dem Wald!

Täglich erreichen uns Hiobsbotschaften über den Zustand unserer Umwelt und das lässt uns oft hilflos zurück. Der Mensch ist schließlich ein Macher; Passivität mündet schnell in Resignation. Deshalb möchte ich Ihnen ein paar Ratschläge geben, die unkompliziert sind und dennoch eine große Wirkung entfalten. Am besten fangen Sie damit an, was Ihnen am leichtesten fällt

Rund
18
Millionen Deutsche haben ein besonderes Interesse an Umweltschutz

Tipp Nr. 1:

Wechseln Sie die Suchmaschine

Neue Wälder zu schaffen war noch nie so einfach: Sorgen Sie beim Surfen im Internet dafür, dass nebenbei Bäume auf Borneo, an den Küsten Brasiliens oder in der Sahelzone gepflanzt werden.

Möglich macht es die Suchmaschine Ecosia, die einen Großteil der Gewinne direkt wieder in Aufforstungsprojekte investiert. Sie können auf der Homepage des Unternehmens transparent nachvollziehen, wohin jeder Euro fließt.

Die Nutzung der Suchmaschine ist kostenlos; Einnahmen werden über Werbung generiert (wie bei jeder anderen Suchmaschine auch).

Tipp Nr. 2:

Pflanzen Sie einen Baum

Ein Baum mehr scheint keinen nennenswerten Unterschied zu machen. Dabei beeinflusst schon ein einziges Exemplar seine Umgebung merklich. Das zeigen unter einem Baum geparkte Autos, deren Scheiben viel seltener zufrieren. Kälte- und Wärmeextreme werden im Umfeld des Stammes abgemildert. Und falls Ihnen das zu wenig erscheint: Pflanzen Sie einfach zwei! ➻

Man stelle sich vor, jeder von uns pflanzte auch nur einen Baum – der Effekt wäre riesig

Ein einzelner Baum (hier im Steigerwald) macht keinen Unterschied? Falsch! Messungen zeigen, wie sehr die Umgebung von jedem Exemplar profitiert

Wer den Wald liebt, lässt die Bäume am besten stehen – und nutzt sie vor allem nicht zum Heizen. Die CO_2-Bilanz von Holz ist nicht neutral

Tipp Nr. 3:

Wechseln Sie nicht von Plastik- auf Papiertüten

Wie wir schon in Ausgabe Nr. 5 berichtet haben, sind Papiertüten noch umweltschädlicher als Plastiktüten. Sie verrotten zwar leichter, verbrauchen aber in der Herstellung große Mengen an Holz. Verwenden Sie doch lieber eine Baumwolltasche!

Tipp Nr. 4:

Nutzen Sie mehr Recyclingpapier

Wohllebens Welt macht es vor: Ein gedrucktes Magazin muss keinen zusätzlichen Holzverbrauch verursachen. Der Anteil an Altpapier als Rohstoff ist in Deutschland mit 76 Prozent schon bemerkenswert hoch, könnte aber noch gesteigert werden.

Tipp Nr. 5:

Heizen Sie so wenig wie möglich mit Holz

Holz ist nicht CO_2-neutral, darin ist sich ein Großteil der Wissenschaft einig. Es dauert Jahrhunderte, bis das ausgestoßene Treibhausgas durch nachwachsende Bäume wieder eingefangen wird.

Schließlich hätten die gefällten Bäume weiter wachsen und damit noch zusätzlich Kohlenstoffverbindungen einlagern können. Ganz zu Schweigen von dem Kühleffekt, den wir in diesem Heft beschreiben und der bei den nachwachsenden Jungwäldern zunächst viel geringer ausfällt.

Deutschland verbrennt in etwa so viel Holz, wie es dem gesamten durchschnittlichen Jahreseinschlag entspricht – Tendenz steigend.

Der Wald als Mitmachprojekt: Sich für ein lokales Gebiet einzusetzen ist leichter – und wirkungsvoller, als viele denken

Tipp Nr. 6:

Mischen Sie sich ein!

Schließen Sie sich zum Beispiel einer Waldbürgerinitiative an oder gründen Sie eine!

Das ist viel unkomplizierter als eine Vereinsgründung. Als Gruppe Gleichgesinnter können Sie den Verantwortlichen Ihres lokalen öffentlichen Waldes auf die Finger schauen. Wird alles von Großmaschinen zerfahren? Gibt es Kahlschläge?

Dann protestieren Sie öffentlich, gern über die Medien. Oder macht die lokale Forstverwaltung vieles richtig? Dann freut sie sich sicher über Rückendeckung.

Eine Übersicht über einige Initiativen gibt es unter: bundesbuergerinitiative-waldschutz.de.

Rund

60

Kilo Fleisch verzehrt jeder Deutsche pro Jahr

Wer in jungen Jahren erlebt, wie beglückend Aufenthalte in der Natur sein können, wird sich später eher für ihren Schutz engagieren

Tipp Nr. 7:

Gehen Sie mit Kindern so oft wie möglich in den Wald!

Was man liebt, das schützt man. In diesem Sinne lohnt es sich, die Naturliebe, die jedem Kind innewohnt, zu erhalten.

Das geht am besten mit ganz entspannten Spaziergängen, bei denen die Kinder ihr eigenes Tempo beibehalten dürfen. Und wenn es an einem ganzen Tag nur 100 Meter sind, die gelaufen wurden, weil es so viel zu entdecken gab: Egal, Hauptsache, es hat Spaß gemacht!

Tipp Nr. 8:

Reduzieren Sie den Fleischkonsum

Die Fleischproduktion ist ein Haupttreiber des Klimawandels.

Viele Entwaldungen am Amazonas dienen der direkten Rinderhaltung oder ⤜

der Erzeugung von Futtermittel, oft Soja. Es landet indirekt über Importe und die Verfütterung an Schweine und Rinder auf Ihrem Teller. Jedes Stück Fleisch weniger hilft dabei, Wald zu erhalten.

Tipp Nr. 9:

Gießen Sie Stadtbäume!

Oft werde ich gefragt, ob das Gießen von Stadtbäumen an heißen Sommertagen überhaupt sinnvoll sei. Die Baumscheibe um den Stamm ist schließlich sehr klein und erlaubt nur einen winzigen Teil des großen Wurzelwerks zu befeuchten. Hinzu kommt der enorme Wasserbedarf eines großen Laubbaums. Wenn man ihn ausreichend für zwei Wochen gießen wollte, dürften es 500 Gießkannen sein – mehr wäre auch kein Problem. Doch bevor Sie nun resignieren: Auch eine Kanne voll hilft. Denken Sie an einen Verdurstenden in der Wüste. Ihm wäre auch jeder Schluck Wasser recht, selbst wenn er mehrere Flaschen benötigte. Nicht zu unterschätzen ist auch der Motivationsfaktor. Wer Sie gießen sieht, fühlt sich vielleicht selber animiert, ebenfalls zur Gießkanne zu greifen.

Gerade Stadtbäume leiden unter Trockenheit im Sommer. Wer zur Gießkanne greift (und wenn es nur eine ist), hilft einem Durstigen

Tipp Nr. 10:

Versehen Sie Ihren Briefkasten mit einem Anti-Werbung-Aufkleber

Millionen von Bäumen werden allein in Deutschland jährlich für die Herstellung von Werbeprospekten gefällt, die dann anschließend ungefragt unsere Briefkästen verstopfen. Schieben Sie dem einen Riegel vor, am besten gleich auch für kostenlose Wochenzeitungen. Diese können Sie im Regelfall auch im Internet abrufen, meist sogar noch früher als die Printversion.

Tipp Nr. 11:

Reduzieren Sie den CO_2-Ausstoß

Es klingt banal und ist doch so wichtig: Wir müssen den Temperaturanstieg stoppen. Noch halten echte, halbwegs natürliche Wälder dem Klimawandel stand, während Plantagen bereits heftig leiden.

Steigt die Temperatur weiter an, wird auch die Fähigkeit alter Laubwälder, sich zu kühlen, infrage gestellt. Jede Sparaktion, die die Emission von Treibhausgasen mindert, zählt! Ganz einfach geht es mit einem Wechsel des Stromanbieters zu einem Erzeuger mit echtem Ökotarif. Während konventionelle Anbieter einfach Atom- und Kohlestrom in einem fragwürdigen Verfahren zu Ökostrom umdeklarieren, bieten unabhängige Erzeuger das an, was man sich als Laie davon verspricht: einen echten Schub an erneuerbaren Energien mit einer Entlastung des Klimas. Mehr Informationen finden Sie unter: **test.de/Oekostromtarife-Guten-Oekostrom-waehlen-4324812-4324814/.**

Einmischen Helfen Sie mit, mehr Wildnis entstehen zu lassen – etwa im bayerischen Steigerwald (nordsteigerwald.de).

Erleben Die Jugendorganisation der Heinz Sielmann Stiftung begeistert Kinder für die Wunder der Natur (natur-ranger.de).

Mitmachen Einmal im Jahr fragt Der GEO-Tag der Natur, was es draußen alles zu entdecken gibt (geo-tagdernatur.de).

Standhaft bleiben – auch beim Stromanbieter: Wer erneuerbare Energien fördern will, sollte die richtigen Verträge abschließen

Inzwischen stammen

33,3

Prozent des verbrauchten Stroms aus erneuerbaren Energien

IMPRESSUM

Gruner + Jahr GmbH, Am Baumwall 11, 20459 Hamburg Postanschrift der Redaktion: Brieffach 24, 20444 Hamburg, Tel.: 040/37 03-0 Internet: www.geo.de/wohllebens-welt

CHEFREDAKTEURE
Jens Schröder, Markus Wolff
CHEFREPORTER
Peter Wohlleben
STELLVERTRETENDER CHEFREDAKTEUR
Rainer Harf
ART DIRECTION
Katja Wegener
TEXTREDAKTION
Tilman Botzenhardt, Maria Kirady, Claus Peter Simon, Bertram Weiß, Sebastian Witte
BILDREDAKTION
Carla Rosorius (Leitung); Carolin Küst
LAYOUT
Dennis Gusko
REDAKTIONELLE MITARBEIT
Regina Franke, Dr. Götz Froeschke, Susanne Gilges, Stefan Sedlmair, Bettina Süssemilch
CHEF VOM DIENST/SCHLUSSREDAKTION
Ralf Schulte
TECHNISCHER CHEF VOM DIENST
Rainer Droste
REDAKTIONSASSISTENZ
Ümmük Arslan
HONORARE/SPESEN
Angelika Györffy
GESCHÄFTSFÜHRENDE REDAKTEURIN
Maike Köhler
VERANTWORTLICH FÜR DEN REDAKTIONELLEN INHALT
Jens Schröder, Markus Wolff
PUBLISHER
Frank Thomsen (Stv. Toni Willkommen)
PUBLISHING MANAGER
Eva Zaher
EXECUTIVE DIRECTOR DIRECT SALES
Heiko Hager, G + J e|MS
VERANTWORTLICH FÜR DEN ANZEIGENTEIL
Daniela Porrmann, Director Brand Solutions, G + J e|MS, Am Baumwall 11, 20459 Hamburg
Es gilt die jeweils aktuelle Preisliste.
Infos hierzu: www.gujmedia.de
SALES DIRECTOR
Franziska Bauske, DPV Deutscher Pressevertrieb
MARKETING
Pascale Victoir
HERSTELLUNG
G + J Herstellung, Heiko Belitz (Ltg.), Oliver Fehling
Litho: Peter Becker GmbH, Würzburg
Druck: Mohn Media Mohndruck GmbH, Gütersloh

Bankverbindung: Deutsche Bank AG Hamburg, IBAN: DE30200700000032280000, BIC: DEUTDEHH
Heft-Preis: 6,50 Euro
ISBN 978-3-652-00932-4; ISSN 2628-4448

USA: WOHLLEBENS WELT is published by Gruner + Jahr GmbH. K.O.P.: German Language Pub., 153 S Dean St, Englewood NJ 07631. Periodicals Postage is paid at Paramus NJ 07652. Postmaster: Send address changes to WOHLLEBENS WELT, GLP, PO Box 9868, Englewood NJ 07631.
KANADA: Sunrise News, 47 Silver Shadow Path, Toronto, ON, M9C 4Y2, Tel.: +1 647-219-5205, E-Mail: sunriseorders@post.com.

GEO-LESERSERVICE

FRAGEN AN DIE REDAKTION
Tel.: 040/37 03 20 84, Fax: 040/37 03 56 48,
E-Mail: briefe@wohllebens-welt.de
ABONNEMENT- UND EINZELHEFTBESTELLUNG
Online-Kundenservice: www.geo.de/kundenservice
Tel.: 0049/40/55 55 89 90
Service-Zeiten: Mo–Fr 7.30–20 Uhr, Sa 9–14 Uhr
Postanschrift: GEO-Kundenservice, 20080 Hamburg
Preis Jahresabonnement: 26,00 € (D)/ 29,60 € (A)/41,60 sfr (CH)
Preise für weitere Länder auf Anfrage erhältlich.

BILDNACHWEIS

Anordnung im Layout: l. = links, m. = Mitte, o. = oben, r. = rechts, u. = unten

TITEL
Ramon Haindl
SCHMUCKER KERL
Willi Rolfes: 2/3
EDITORIAL
Ramon Haindl: 5 o.; Gaby Wojciech/Deepol/Plainpicture: 5 u.; Shutterstock: 5 (Hintergrund)
INHALT
siehe entsprechende Seiten, außer: Ramon Haindl: 6 o. l.; Carsten Linde: 6 u. l.; Willi Rolfes: 6 u. m.; Shutterstock: 6/7 (Hintergrund)
WIE WICHTIG DER WALD FÜR UNSER KLIMA IST
Andreas Volz: 8/9; Ramon Haindl: 8 u. l., 10 u. l., 14 u. l., 15 o. r., 16 u., 18 u.; Kilian Schönberger: 10/11, 12/13, 14/15; Henning Ross: 13 u. r.; Ingo Arndt/Minden Pictures: 15 zentral o.; Willi Rolfes: 15 zentral u., 16/17, 16 m.; Jochen Tack/imago images: 18 o.; Shutterstock: 18 (Hintergrund); Illustration: Hendrik Gheerardyn: 16 o.
GEMEINSAM AUF WEITE REISE
Willi Rolfes: 20, 21, 25 u. r., 27; Carsten Linde: 22/23, 24 (3), 25 o. r., 25 m. r., 27 u. l. (2); Winfried Wisniewski/Minden Pictures/Nature in Stock: 26 o.; Lynn M Stone/nature picture library: 26 2. v. o.; Harri Taavetti/FLPA/Nature in Stock: 26 2. v. u.; Look/Minden Pictures: 26 u.; Shutterstock: 26 l. (Hintergrund)
WAS HAT DIE MAUERASSEL MIT FISCHEN GEMEIN?
Illustration: Rainer Harf: 29
ABENTEUER UNTER FICHTEN
Christoph Neumann: 30-38, außer: Getty Images: 31-38 (Klebestreifen); Shutterstock: 30-38 (Hintergründe), 34-36 (Freisteller [4]); Illustrationen: Botanical art/Bildagentur-online/Alamy Stock Photo: 32 o. l., 37 o.; Julia Pfaller: 38 m. r. (Karte)
KOMM, WIR GUCKEN WELLEN!
Willi Rolfes: 42/43, 44, 47; Elsa Du Plessis: 42 o. l.; Erik Gross: 44 u. l., 45 u. r.; Cavan Images/Getty Images: 45 o.; Kerstin Hinze/nature picture library: 45 m. l.; Bob Barbour/Minden Pictures: 45 m. r.; Frauke Voitle: 46 o. l; Mirjam Gleßmer: 46 r. (2), 47 u. (2), 48 m. (2); Meeresschutz Projekt Ocean Summit/www.ocean-summit.de: 48 o. l.
WARUM BEKOMMT DER SPECHT KEINE KOPFSCHMERZEN?
Illustration: Rainer Harf: 51
ICH BIN WIEDER DA!
Axel Gomille: 52-58, außer: Ramon Haindl: 57 u.; Illustrationen: Rainer Harf: 54 m.; NABU: 58 o. r. (Karte)
MISSION IM MOOR
Mark Hamblin/2020VISION/nature picture library: 60/61, 63 o., 63 u.; Peter Cairns/2020VISION/nature picture library: 62/63 o., 62 u., 65 o. l., 65 m., 65 u. l.; Andrew Parkinson/2020VISION/nature picture library: 63 m. l.; Mark Hamblin/Prisma: 63 m. r.; Danny Green/2020VISION/nature picture library: 65 u. r.; Peat Cutting/imago: 66 o.; Shutterstock: 60-66 (Hintergründe); Illustrationen: Shutterstock: 64 (Karte); Liszt Collection/Interfoto: 65 o. r.
11 TIPPS: SO HELFEN SIE DEM WALD!
Ramon Haindl: 68 o. l., 72/73 o.; Florian Tully/Verein Nationalpark Steigerwald: 69; Uwe Gratzky/Verein Nationalpark Steigerwald: 70 o.; Felix Schmitt/GEO Tag der Natur: 71 u.; Shutterstock: 68, 70-73 (Hintergründe); Illustrationen: Jim Dandy/Illustration Source: 68 u., 71 o., 72 l.; Getty Images: 72 u. r. (Icon)
WESHALB IST IHR BISS SO GEFÄHRLICH?
Illustration: Rainer Harf: 75
DIE REISE DER SAMEN
Erik Nardini/EyeEm/Getty Images: 76 o. l.; Claudia Rehm/Deepol/Plainpicture: 76 o. r.; Ralf Thierfelder/Okapia: 76 m. l.; Konrad Wothe/Picture Press/ddp: 76 m. r.; Håkan Jansson/Deepol/Plainpicture: 76 u. l.; Willi Rolfes: 76 u. m., 81 o. m.; Werner Meidinger/imageBroker/Okapia: 76/77 u.; Jon Mace/Getty Images: 77; J.-L. Klein & M.-L. Hubert/Juniors: 78 o.; Solvin Zankl: 78 m. l.; Martin Grimm/BIA/Minden Pictures: 78 u. l.; Konrad Wothe/nature picture library: 78 u. r.; Ramon Haindl: 81 o. l.; Wavebreak/Deepol/Plainpicture: 81 o. r.; Larissa Veronesi/Deepol/Plainpicture: 81 m. l.; Hans Berggren/Deepol/Plainpicture: 81 u.; Illustrationen: Wegweiser durch die Natur/Reader's Digest: 78-81, außer: Rainer Harf: 80 u. l.
AKROBATEN DER NACHT
Dietmar Nill/nature picture library: 82; Christian & Bettina Kutschenreiter: 83, 84 m., 85 (3), 86, 86 o. l., 88 o. (2), 89 o.; Ingo Arndt/Minden Pictures/Nature in Stock: 84 o.; Shutterstock: 84 u.; Ingo Arndt/Minden Pictures/Nature in Stock: 86 m. l.; Dietmar Nill: 86 u. l.; Shutterstock: 82, 84, 87, 88/89 (Hintergründe); Illustrationen: Hendrik Gheerardyn: 87; Nelumboart/Stefanie Gendera/NABU Batnight: 88 u.
DAS GOLD DER BÄUME
Frank Hecker Naturfotografie: 92, 94 o. l., 94 m. r., 94 u. (2), 95 (2), 96 u. l., 97 o. r., 97 m. r., 97 u. l. (2), 97 u. r., 99 u. r.; Kilian Schönberger: 93; Alex Hyde/nature picture library: 93 m.; Pawel Horazy/Shutterstock: 94 o. r.; Shutterstock: 96 m. l.; Okapia: 97 o. l.; 97 m. l.; imago: 98 o. l.; Shutterstock: 94, 96-99 (Hintergründe); Illustrationen: Shutterstock: 94 m. l., 96 o. r., 99 o. l.; Otto Lueger/Lexikon der gesamten Technik und ihrer Hilfswissenschaften: 98 u.
WARUM IST DIE HAGEBUTTE IM INNERN SO HAARIG?
Illustration: Rainer Harf: 101
DURCH HALLEN AUS MILLIONEN BLÄTTERN
Heinz Wohner: 102-109, außer: Illustrationen: Hendrik Gheerardyn: 109 o. (Karte), 109 m.
»IST DIE FICHTE VERZICHTBAR?«
Illustrationen: Julia Pfaller: 110
VORSCHAU
Ramon Haindl: 112 o.; Mark Hamblin/2020VISION/nature picture library: 112 u. l.; Iris Kürschner: 112 u. r.; Konstantin Mikhailov/nature picture library: 113 o. l.; Willi Rolfes: 113 o. r.; Rainer Berg/Deepol/Plainpicture: 113 u. l.; Roman Pawlowski: 113 u. r.; Shutterstock: 112/113 (Hintergrund); Illustration: Purix Verlag Volker Christen/Bridgeman Images: 113 m. l.
NATÜRLICHER REGENSCHIRM
Edwin Giesbers/nature picture library: 114/115
GRAFIKEN unter Lizenz von Shutterstock: 16, 18, 26, 38, 48, 58, 66, 80, 89, 99, 108

Weshalb ist ihr *Biss* so gefährlich?

Text: Sabrina Winter Illustration: Rainer Harf

Um erfolgreich Beute jagen zu können, hat die Wasserspitzmaus eine für Säugetiere eher seltene Taktik hervorgebracht: Sie tötet ihre Opfer mit einem hochwirksamen Gift

Mit ihrer spitzen Schnauze und ihren Knopfaugen macht die Wasserspitzmaus einen harmlosen ersten Eindruck. Doch der trügt. Die Jägerin schafft es, Tiere zu überwältigen, die größer sind als sie selbst. Ihre Waffe: ein Gift.

Obwohl sie die größte Spitzmausart Europas ist, ist ihr Rumpf kleiner als eine herkömmliche Kreditkarte. Wer in der Tierwelt nicht durch Größe beeindrucken kann, braucht eine Taktik: Mutig springt die kleine Schwimmerin mit dem Kopf voran ins Wasser, paddelt mit ihren Pfötchen zum Gewässergrund, stupst dort mit ihrer Schnauze Steine um, bis sie etwas Schmackhaftes findet. Auf ihrer Speisekarte stehen Kleinkrebse, Insektenlarven, Schnecken, gelegentlich auch Fische, Frösche oder gar Vögel.

Ihre Beute betäubt die Räuberin durch einen Biss. Dabei fließt ein Nervengift aus ihrem Speichel in den Körper ihres Opfers. Regt es sich nicht mehr, schleppt die Maus ihren Fang an Land, sucht sich ein Versteck und mampft in aller Ruhe. Wasserspitzmäuse sind gefräßig: Täglich futtern sie ihr Eigengewicht an Nahrung.

Dass die kluge Taucherin ein Gift produziert, ist selten unter Säugetieren. Nur wenige Arten haben das mit ihr gemein, zum Beispiel das australische Schnabeltier oder der Plumplori, ein Primat aus Südostasien. Auch für den Menschen kann der Biss der Wasserspitzmaus gefährlich sein. Zwar ist er nicht tödlich, allerdings schmerzhaft. Tagelang kann die Wunde jucken, brennen und anschwellen.

Tatsächlich ist der Mensch für die Spitzmaus aber viel gefährlicher. Denn er dringt immer weiter in ihre Lebensräume ein, indem er naturnahe Gewässer bebaut und bewirtschaftet. So zerstören Menschen das Jagdgebiet der kleinen Schwimmerin. Inzwischen steht die Wasserspitzmaus als gefährdete Art auf der Roten Liste der Weltnaturschutzunion. ●

Die Reise der Samen

Pflanzen haben es bei der Fortpflanzung nicht leicht. Vielleicht sind sie deshalb so erfindungsreich – und sorgen auf höchst unterschiedliche Weise für Nachwuchs

Text: Alexandra Rigos

Das Prinzip der Ausbreitung entstand vor
370
Millionen Jahren

Vom Winde verweht

Die große Vielfalt

Löwenzahn (1): Er versammelt an die 300 Schirmflieger-Früchte.
Mohn (2): Bei ihm sind die Samen fest verkapselt.
Stechapfel (3): Die Giftpflanze schützt ihr Saatgut mit Stacheln
Buchecker mit Buchenkeimling (4): Aus den Früchten der Rotbuche entwickeln sich zarte Keimlinge.
Hafer (5): Aus seinen Früchten erzeugen wir Brot und Haferflocken.
Rizinus-Samen (6): Daraus lässt sich das hochgiftige Rizin gewinnen

Zahlreiche *Samen* überwinden längere Strecken per Anhalter: mit Mäusen und anderen Tieren

1

Rote Leckerbissen

2

3

Hängepartie

Feinkost für Hungrige

Hagebutten (1): Die Früchte dieses vitaminreichen Strauchgewächses sind begehrte Nahrung für Mäuse.
Mirabelle (2): Mit Genuss naschen Siebenschläfer von den süßlichen Früchten und verbreiten so die Samen des Obstbaums.
Erlen (3): Der Erlenzeisig, der Name besagt es, ernährt sich mit Vorliebe von den Samen der Erle.
Zwergmispel (4): Sie wird auch »Amselbrotbaum« genannt, denn die Schwarzgefiederten lassen sich die Früchte gern munden.

Jede einzelne Perle der **Himbeerfrucht** enthält einen Samen

4

Auf
4
verschiedene Arten verbreiten Pflanzen ihren Samen

Mit einer Art Fallschirm segelt der Samen der Roten Pestwurz gen Boden.

**Beim seltenen Gauchheil versch
ließt ein Deckel die Samenkapsel**

Ob sie nun klein sind wie ein Staubkorn oder schwer wie eine Bowlingkugel, ob sie ausgestattet sind mit Flügeln oder Fallschirmen, von Klebstoffen umhüllt, ob in einer Frucht verborgen oder mit Widerhaken bewehrt: Samen erfüllen stets den gleichen Zweck – die Erhaltung ihrer Spezies. Das Prinzip, den eigenen Nachwuchs (die Pflanzenembryonen) auf die Reise zu schicken, entstand bereits vor etwa 370 Millionen Jahren und war so erfolgreich, dass es die meisten heutigen Landpflanzen zur Vermehrung nutzen.

Denn die fest verwurzelten Organismen stehen bei der Fortpflanzung vor einer Herausforderung: Sie müssen ihre Nachkommen an entfernte Orte verfrachten. Wachsen die in direkter Nähe der Mutterpflanzen, haben sie bisweilen weniger Überlebenschancen, da sie teils mit den älteren Gewächsen um Licht, Wasser und Nährstoffe konkurrieren.

Durch den Samen aber überwinden die Pflanzen ihren Mangel an Beweglichkeit. Denn er ist ein Überlebenspaket – bestehend aus einer Schale, dem eigentlichen Pflanzenembryo und einem Nahrungsvorrat –, das durch Raum und Zeit reisen kann.

Grob lassen sich vier Wege der Samenausbreitung unterscheiden: durch Wind, Wasser, Tiere oder die eigene Kraft der Pflanze. Viele Gewächse setzen auf eine Kombination mehrerer Strategien.

Der Wind befördert sehr viele Samen und Früchte – vor allem in windreichen Regionen wie an der Nordsee oder im Mittelgebirge. In Mitteleuropa besonders bekannt ist der auf Wiesen und Waldlichtungen gedeihende Löwenzahn. Seine zierlichen Früchte lösen sich dank ihrer Haarkränze schon bei leichten Brisen samt Samen ab und gleiten wie an Fallschirmen zu Boden.

Der Löwenzahn gehört zu den „Windfliegern“, deren Früchte es durch ihre Anhängsel, durch geeignet geformte Hüllen oder durch winzige Größe und Gewicht schaffen, dass sie lange in der Luft bleiben. So steigt bei manchen die Chance, von Aufwinden erfasst und im Idealfall sogar kilometerweit getragen zu werden.

Durch Drehbewegungen bremsen etwa die Früchte von Ahornbäumen ihren Fall: Von propellerartigen Flügeln umhüllt, beginnen sie durch den Luftwiderstand beim Hinabfallen zu rotieren. Mit ungefähr zwölf Umdrehungen in der Sekunde segelt auf diese Weise etwa die Frucht des Spitzahorns langsam zu Boden.

Im Strom zu neuen Ufern

Mittels Wasser transportieren in Deutschland rund ein Viertel der Pflanzen ihre Samen. So schließen bestimmte Sauergräser, die an Flussufern in Wäldern wachsen, ihre Frucht mitsamt einer Luftblase in eine wasserdichte Blatthülle. Das schwimmfähige Objekt fällt ins Wasser und kann dort mehrere Monate überdauern und Hunderte Kilometer zurücklegen.

Die meisten Samen überwinden längere Strecken aber per Anhalter – mit Tieren. Eine Methode ist die Passage durch den Darm: Vögel oder Säugetiere »→

Tierische Transporteure Besonders viele mit Widerhaken ausgestattete Samen finden sich etwa im dicken Fell von Schafen.

Fruchtbare Brände Einige Kiefernarten benötigen Feuer – sie geben ihre Samen nur frei, wenn sie von Flammen umgeben sind.

Startpunkt Um sich gegenseitig nicht zu viel Konkurrenz zu machen, keimen Samen im Boden meist nicht alle gleichzeitig.

Ein Tannenhäher verbuddelt
100 000
Samen in jeder Saison

In jeder Blüte der **Gelben Wiesenraute** entwickeln sich drei Früchte

Die runden Samen des **Echten Löffelkrauts** verbergen sich in grünen Schötchen

fressen die Früchte der Pflanzen und scheiden die Samen später gut gedüngt wieder aus. Gegen die Magensäfte der Verbreiter sind diese Samen resistent. In Europa hat sich etwa ein Drittel der Pflanzen an diese Transportart angepasst. Manche Arten erkennt man daran, dass sie für ihre Spediteure besonders verführerische Früchte hervorbringen. Pflanzen, deren Samen vor allem von Vögeln verbreitet werden, produzieren häufig weiche und nicht zu große Früchte mit knalligen und kontrastreichen Farben, etwa Vogelbeeren.

Haarige Verpackungen

Wieder andere Pflanzen heften oder kleben ihre Früchte an jedes Tier, das zufällig vorbeistreift. Dafür besitzen sie häufig feine Haare oder Dornen mit tückischen Widerhaken. Besonders hartnäckig setzt sich beispielsweise die etwa auf trockenen, nährstoffreichen Böden gedeihende Dornige Spitzklette an allem fest, was in ihre Nähe kommt.

Andere Samen verbreiten sich dank im Tierreich recht häufiger Eigenschaften: Sammellust und – zumindest partieller – Vergesslichkeit. Die Früchte von Buchen und Eichen sowie die Samen von Nadelbäumen werden unter anderem von Eichhörnchen und Tannenhähern als Wintervorrat versteckt – doch in der kalten Jahreszeit finden die Tiere einen Teil ihres vergrabenen Schatzes nicht wieder.

Beispielsweise verbuddelt der Tannenhäher in einer Saison durchschnittlich 100 000 Samen in rund 30000 Verstecken – und bis zu 15 Kilometer vom Sammelort entfernt.

Ein Viertel davon braucht der auf Sicherheit bedachte Vogel im Winter aber nicht. Die verschonten Samen liegen dann bereits im Boden, wo sie gut keimen können.

Gut 30 Prozent der in Deutschland heimischen Pflanzen aber sind auf keinerlei fremde Hilfe angewiesen: Vielen reicht es, ihre Samen einfach herabfallen zu lassen, wobei sie womöglich von Zweigen oder am Boden abprallen und so zumindest kurze Distanzen zurücklegen.

Einige Gewächse können sich sogar selbst aktiv ausbreiten: Im Reifezustand schleudern, schießen oder spritzen sie aus eigener Kraft ihre Samen fort.

Beim Großen Springkraut etwa, heimisch in schattig-feuchten Wäldern, steht die aus mehreren Blättern gebildete Fruchtwand irgendwann so stark unter Spannung, dass bei leichter Berührung schlagartig die Nähte zwischen den einzelnen Fruchtblättern aufplatzen.

Die rollen dann blitzschnell nach innen – und katapultieren die Samen bis zu drei Meter weit!

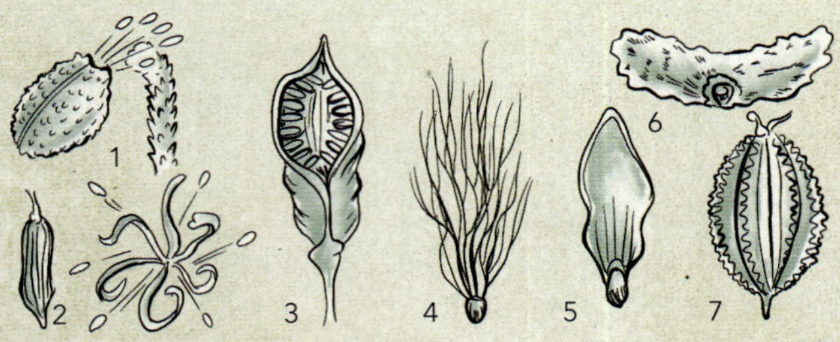

So machen sie sich vom Acker: Die Illustration zeigt die zahlreichen Varianten der Samenausbreitung. **1. Spritzmechanismus** (Spritzgurke) **2. Schleudermechanismus** (Springkraut) **3. Streufrucht** (Rittersporn) **4. Samen mit Flughaaren** (Weidenröschen) **5. Flugsamen** (Fichte) **6. Flugsamen** (Macrozanonia) **7. Häkelfrucht oder Klettfrucht** (Möhre)

Attraktive Düfte verströmen Früchte wie Wildäpfel, die in den Mägen der meist sehr geruchsempfindlichen Säugetiere landen.

Dickes Ding Die größten Samen der Welt bringt die Seychellenpalme hervor: Ihre Steinfrüchte werden bis zu 25 Kilo schwer.

Fotografie »Samen – Von der Schönheit des Ursprungs« (Elisabeth Sandmann Verlag) zeigt die Wunderwelt der Pflanzensamen.

An Tierfell oder Menschenkleidung geklammert, schaffte die aus Nordamerika stammende Spitzklette den Sprung auf sämtliche Kontinente.

1

2

Fundstücke aus dem Wald
Ahorn (1): Seine Früchte kreiseln durch die Luft, der Wind kann sie daher über große Strecken tragen.
Eicheln (2): Wildschweine lieben die Früchte als Futter; wir können daraus im Topf neue kleine Pflanzen ziehen.
Waldspaziergang (3): Viele haben es schon als Kind gemacht: Bucheckern und Eicheln sammeln.
Wilde Karde (4): Ihre Früchte werden teils vom Wind oder auch von Tieren verbreitet.

Die Früchte der **Sumpfdotterblume** reißen auf und geben so die Samen frei

3

Entdeckung

4

Die Früchte vieler Pflanzen reifen im *Sommer und Herbst* – aus den Samen kann die nächste Generation heranwachsen

25
Arten sind in Deutschland heimisch

Pelzige Flieger
Früher hielten Menschen die Tiere für fliegende Mäuse, doch mit den Nagetieren teilen Fledertiere wie diese Bechsteinfledermaus wenig

Lärmende Jäger
Uns Menschen erscheinen Fledermäuse als geräuschlos. Tatsächlich stoßen sie bei der Jagd extrem hohe Schreie aus

Akrobaten der Nacht

Lautlos, nutzlos, gar gefährlich? Von wegen! Fledermäuse sind ganz anders, als die meisten von uns denken. Jetzt, im Herbst lassen sie sich besonders gut beobachten

Text: Katharina Jakob

Wenn die Vögel sich am Abend *zurückziehen,* kommen die Fledermäuse hervor

Wer an einem warmen Spätsommerabend in den Himmel blickt und den letzten Schwalben dabei zusieht, wie sie in der Dämmerung nach Insekten jagen, entdeckt manchmal: Unter die Vögel hat sich ein anderes Tier gemischt. Es jagt so schnell wie sie, geht zeitweise jäh in einen Sturzflug über, verschwindet in Bodennähe und steigt dann wieder weit hinauf in den Abendhimmel.

Nur ein aufmerksamer Beobachter wird feststellen, dass es etwas fülliger ist als die windschnittigen Schwalben. Was sich da hinzugesellt hat, ist ein fliegendes Säugetier: ein Großer Abendsegler, eine von 25 Fledermausarten in Deutschland.

Diese Art gehört zu den ersten, die schon in der Dämmerung aktiv werden und nicht erst in der Dunkelheit. Wie bei einem Schichtwechsel übernimmt sie nun von den Vögeln die Jagd nach nächtlichen Insekten. Alle Fledermausarten hierzulande sind Insektenfresser, vom Großen Abendsegler bis zur winzigen Mückenfledermaus, die mit fünf Gramm Gewicht gerade mal so viel wiegt wie ein Blatt Papier. Einzig die Wasserfledermaus jagt zuweilen auch kleine Fische, dicht über der Oberfläche eines Teiches. Dazu taucht sie ihre Hinterkrallen ins Wasser, fängt ihre Beute und verspeist sie noch im Flug.

Die Säuger am Nachthimmel gibt es seit rund 50 Millionen Jahren. Doch noch immer wissen wir erstaunlich wenig über sie. Das liegt vor allem daran, dass sie so versteckt leben: Tagsüber verbergen sie sich in Spalten und Höhlen, nachts jagen sie lautlos.

Alles andere als leise!

Allerdings sind sie nur für unsere Ohren nicht zu bemerken. Eigentlich machen Fledermäuse ziemlich viel Lärm. Sie bewegen sich per Echo-Ortung durch die Dunkelheit, das heißt: Sie stoßen über Maul oder Nase Ultraschalllaute aus, die wir nicht hören können, weil sie mit bis zu 140 Kilohertz viel zu hoch für uns sind. Das menschliche Gehör kann nur Töne bis 20 Kilohertz wahrnehmen.

Dabei orientieren sich die Tiere mithilfe des Echos, das von Objekten zurückgeworfen wird. Der reflektierte Schall sagt ihnen genau, wo sie sich befinden, welche Hindernisse sie umfliegen müssen, aber vor allem, welche Beute ihre Flugbahn kreuzt. Mit absoluter Präzision können sie auf diese »→

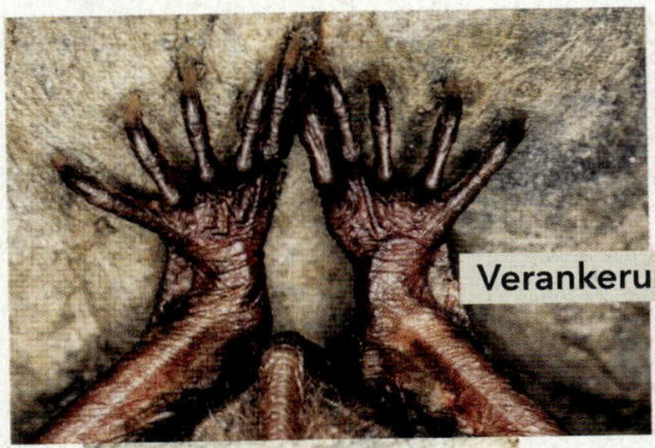

Um Ruhe zu finden, krallen sich Fledermäuse in Höhlen oder an Bäume, mal allein, mal in riesigen Gruppen

Manche Fledermäuse machen sich im Herbst in großen Schwärmen gen Süden auf

Hör-Hilfe Mit »Bat-Detektoren« lassen sich die Rufe der Fledermäuse für Menschen hörbar machen. Die Geräte sind einfach zu bedienen und erschwinglich.

Höhlen-Expedition In der Kalkberghöhle im norddeutschen Bad Segeberg überwintern mehr als 30 000 Fledermäuse und lassen sich bei Führungen beobachten: noctalis.de.

Seit
50
Millionen Jahren bevölkern sie die Erde

Am Nachthimmel tobt ein Luftkampf. Denn auch manches Insekt stößt Ultraschalllaute aus, und irritiert so das Ortungssystem der Fledermäuse

Selbst das Krabbeln einer Raupe können die nächtlichen Jäger mit ihren trichterförmigen Lauschern hören

Jäger im Dunkeln
Fledermäuse in Deutschland machen Jagd auf Insekten – und schützen so auch manche Ernte vor Schädlingen

Beisammensein im Herbst
Spät im Jahr suchen die Männchen eine Partnerin, die dann erst im Sommer darauf zumeist ein Junges zur Welt bringt

Anders als bei Vögeln bestehen die Flügel der Fledermäuse aus dünnen Häuten, sogenannten Membranen

Der Herbst ist ihre *aktivste Zeit:* Jetzt beginnen Balz und Paarung

Art jeden noch so kleinen Falter ausmachen. Und dann dauert es nur Sekunden, bis sie seine Größe und Geschwindigkeit erkannt und ihn mit Maul oder Krallen geschnappt haben.

Neben den Jagdschreien, die in unmittelbarer Nähe so laut wie ein Düsenjet beim Start sein können, rufen Fledermäuse auch vielfältige Gesänge in die Dunkelheit hinaus. Anders als bei vielen anderen Säugetieren beginnen jetzt im Herbst für sie Balz und Paarung.

EIn Quartier für die Hochzeit

Mit zwitschernden Tönen, klingenden Lockrufen und manchmal ganzen Liebesliedern werben Fledermausmännchen um paarungsbereite Weibchen. Zuvor haben sie für die Hochzeitsquartiere gesorgt: Baumhöhlen, die sie nun beständig gegen Konkurrenten verteidigen. Entweder umkreisen sie ihre Behausung und zeigen sich auf Schauflügen. So hält es etwa die Zwergfledermaus, die wohl häufigste Art in Deutschland, die so winzig ist, dass sie in eine Streichholzschachtel passen würde.

Oder sie bleiben in der Höhle und verlassen sich allein auf ihre Gesangskunst. Wie der Große Abendsegler, der manchmal einen ganzen Harem herbeilockt. Dann versammeln sich bis zu zehn Weibchen in seinem Quartier, setzen sich im Huckepack aufeinander und verbringen dösend den Tag. Ab und zu weckt das Männchen eines, um sich zu paaren. Tage später fällt die lose Gemeinschaft wieder auseinander und sieht sich nach neuen Gefährten um.

Fledermäuse jagen mithilfe von Echo: Sie stoßen extrem hohe Schreie aus. Der Schall prallt von der Beute ab. So können die Jäger deren Position präzise ausmachen

All das geschieht in den wenigen Wochen vor dem Winterschlaf. Denn Fledermäuse ziehen sich fast ein halbes Jahr in ihre Überwinterungsquartiere zurück, von Anfang November bis in den März. Manche unserer Arten wandern dafür weit in südliche Rückzugsgebiete jenseits der Alpen. Andere bleiben hier und verbringen die kalte Jahreszeit in einer Höhle.

Im langen Schlaf werden alle Körperfunktionen auf ein Minimum reduziert. Kopfüber hängen die Tiere von Decken und Wänden, eingewickelt in ihre Flügel. Dank eines Kunstgriffs der Natur werden die Weibchen nach der Paarung nicht sofort trächtig.

Ihr Uterus speichert den Samen der Männchen, einen ganzen Winter lang. Erst nach dem Erwachen im Frühjahr, wenn es wieder Insekten gibt, kommt es zur Befruchtung der Eizellen.

Haben Männchen und Weibchen den Winter noch gemeinsam verschlafen, trennen sich nun ihre Wege. Die Männchen bleiben meist allein, während die Weibchen sogenannte Wochenstuben beziehen. Das sind mütterliche Gemeinschaften, in denen der Nachwuchs in den Sommermonaten zur Welt kommt.

Je nach Fledermausart versammeln sich dort Tausende Tiere – oder auch nur zehn. Denn Fledermaus ist nicht gleich Fledermaus, die Arten unterscheiden sich erheblich voneinander.

Weitaus besser als ihr Ruf

Fledermäuse leiden unter einem schlechten Ruf: Im Mittelalter galten sie als Tiere des Teufels, die den Menschen in die Haare flogen. Auch die Literatur hat zum Vampir-Mythos beigetragen, in Gestalt des Grafen Dracula, der sich in eine Fledermaus verwandelt.

Zugegeben, mit ihren spitzen, scharfen Zähnen, den großen Ohren und den Hautflügeln sind sie keine niedliche Erscheinung. ➸

Ein Körnchen Wahrheit steckt im Mythos, Fledermäuse stünden Vampiren nahe. Drei Arten in Mittelamerika ernähren sich vom Blut anderer Säugetiere oder Vögel.

Die Angst, Fledermäuse könnten das Corona-Virus in Deutschland übertragen, ist unbegründet. Bei keiner einheimischen Art wurde SARS-CoV-2 bisher nachgewiesen.

Jungtiere der Großen Hufeisennase finden sich zu einem »Kindergarten« zusammen. Ein anatomischer Mechanismus macht es ihnen leicht, kopfüber zu hängen

Unsere heimlichen Nachbarn

Die Vielfalt der Fledermäuse ist gigantisch: Mehr als 1000 Arten gibt es weltweit. In Deutschland leben 25 Spezies – vom Großen Abendsegler bis zur Wasserfledermaus

Braunes Langohr
Den Namen verdient sie: Groß, lang und dünnhäutig sind ihre charakteristischen Ohren

Breitflügelfledermaus
Als »Hausfledermaus« ist sie typisch in Siedlungen, Gärten und Parks

Fransenfledermaus
Kurze, steife Haare an der Schwanzflughaut geben ihr den Namen

Wasserfledermaus
Mit ihren auffällig großen Füßen greift sie Fische aus Teichen und Bächen

Großer Abendsegeler
Mühelos erreicht er Geschwindigkeiten von bis zu 50 km/h

Großes Mausohr
Mit bis zu 40 Zentimeter Spannweite zählt es zu den heimischen Jumbos

Zwergfledermaus
Gerade einmal so schwer wie ein Stück Würfelzucker

Diese Sieben sind nur eine Auswahl der 25 hierzulande heimischen Arten. Und vielleicht sind das noch nicht alle. Erst 2001 machten Forscher die kleine Nymphenfledermaus aus, deren Name auf einen griechischen Mythos zurückgeht, in dem eine Nymphe in eine Fledermaus verwandelt wird. Wenig später erkannten Wissenschaftler die Mückenfledermaus als Spezies an. Erleben kann man die wendigen Jäger etwa bei der jährlichen »Batnight« des NABU – auf deutschlandweit mehr als 100 Veranstaltungen.

Illustrationen mit freundlicher Genehmigung des NABU

Unhörbar:
140
Kilohertz erreichen die Jagdschreie

Und doch sind sie ungemein faszinierende, in unserem Ökosystem höchst nützliche Wesen.

Wer sie kennenlernen will, hat in einigen Beobachtungsstationen Gelegenheit dazu: zum Beispiel in der Sontheimer Höhle auf der Schwäbischen Alb. Dort finden sich besonders viele verschiedene Arten ein, darunter auch das selten gewordene Große Mausohr (sontheimer-hoehle.de).

Oder in Berlin in der Spandauer Zitadelle, in der rund 10000 Fledermäuse überwintern (bat-ev.de).

Aber es lohnt sich auch, in der eigenen Nachbarschaft nach ihnen Ausschau zu halten: Als Kulturfolger leben Fledermäuse mitten unter uns. Sie besiedeln Dachstühle und Kirchtürme, schlafen unter Brücken oder übernachten in Scheunen.

Mittlerweile jedoch sind alle hiesigen Arten in ihrem Bestand gefährdet, manche sogar vom Aussterben bedroht. Selbst ein so erfolgreiches Geschöpf, das Jahrmillionen überstanden hat, kann nichts ausrichten gegen die Zerstörung seines Lebensraums und den Nahrungsmangel, weil die Insekten schwinden.

Deshalb brauchen Fledermäuse unsere Aufmerksamkeit – und unseren Schutz.

RETTUNG

Willi, die Findelfledermaus

Diese Geschichte zeigt, dass Fledermäuse untereinander, aber auch zu Menschen starke Bande entwickeln können

Leider passiert es manchmal, dass eine junge Fledermaus den Kontakt zur Mutter verliert. So erging es der Findelfledermaus Willi. Das Graue Langohr wurde direkt vor der Milchkammer eines kleinen Bauernhofes auf dem Boden liegend gefunden, daumennagelgroß, nackt und hilflos. Die Hofkatzen zeigten schon reges Interesse. Eine Familie mit viel Erfahrung mit Fledermäusen nahm den Kleinen in Obhut. Zutraulich verharrte er auf der Hand, klappte seine Ohren ein und schlief sofort, wenn er vorsichtig am Nacken gekrault wurde. Bald schon fand er in seinem Zuhause auf Zeit einen Kumpanen, eine andere Findelfledermaus namens Wastl, eine Mückenfledermaus. Die beiden Waisen waren unzertrennlich, obwohl sie doch verschiedenen Arten angehörten. Nach einigen Wochen, in denen die beiden gemeinsam fraßen, Flug und Insektenfang trainierten, wilderten die Zieheltern sie wieder aus: in einem Fledermauskasten an Willis Fundort.

Menschen zogen Willi auf und wilderten ihn wieder aus

Fledermaus gefunden, was tun?

1. Das Tier nicht mit der bloßen Hand anfassen, sondern nur sehr vorsichtig mit **Lederhandschuhen** greifen. Es kann empfindlich beißen und in Ausnahmefällen auch **Krankheiten** übertragen.
2. Schnell in eine Notfallbox setzen, hierzu reicht ein Karton, der mit einem Tuch abgedeckt wird. Bereits kleine **Spalten** von 6 bis 10 Millimetern reichen den Fledertieren aus, um zu entkommen.
3. Wasser ist meist dringend nötig! Mit einem **kleinen Löffel** die Flüssigkeit von unten anbieten, damit sie nicht in die Nase gelangt.
4. Fledermausspezialisten kontaktieren, etwa über das NABU-Fledermaustelefon: 030/28 49 84 50 00

Katzen und Hunde können die Ultraschalllaute der Fledermäuse hören. Die Töne aber sind nur in unmittelbarer Nähe laut, schon ein kurzer Abstand reduziert den Schalldruck erheblich.

Zum Methusalem wird manche Fledermaus. Einige der Flattertiere erreichen ein Lebensalter von 30 Jahren. So können es sich die Luftjäger leisten, meist nur ein Junges pro Jahr zu bekommen.

Die große Welt der GEO-Kalender für 2021!

Bis zum 15.12. den Vorteilspreis für Abonnenten nutzen!

Panorama-Format!

GEO SAISON Panorama-Kalender „Orte der Stille"

Wer sich in diese Bilder versenkt, spart sich die Meditation. Bizarre Felsformationen im Meer, einsame Wüsten, verwunschene Wälder, ein sich durch endlose Felsen schlängelnder Fluss – ein Blick nur und Ruhe breitet sich aus.

Maße: 120 x 50 cm
Best.-Nr.: G729283
Preise: 99,99 € (D/A), 107.00 Fr. (CH)

99,99 €
Vorteilspreis für Abonnenten **89,99 €**

GEO SAISON-Kalender „Licht des Nordens"

Es ist klar. Es ist frisch. Und doch so sanft. Ob in der Weite von Wales, zwischen Sonne und Regen auf der Isle of Skye, über grünen Matten auf den Hügeln von Island oder glitzernd zwischen Eisschollen der Lofoten – das nordische Licht vereint Purismus mit Magie.

Maße: 50 x 45 cm
Best.-Nr.: G729286
Preise: 29,99 € (D/A), 32.00 Fr. (CH)

jeweils 29,99 €
Vorteilspreis für Abonnenten **25,99 €**

GEO SAISON-Kalender „Deutschland"

Die Heimat boomt: als Reiseziel wie als Wandschmuck. Der Kalender versammelt Höhepunkte geliebter Natur, von Sylts Dünen im Frühling bis zu Schloss Neuschwanstein im Schnee, vom brandenburgischen Birkenhain bis zu Weinreben am Rhein.

Maße: 50 x 45 cm
Best.-Nr.: G729285
Preise: 29,99 € (D/A), 32.00 Fr. (CH)

Jetzt bestellen unter **www.geoshop.de/kalender2021** oder telefonisch unter **+49 (0) 40/42 23 64 27**

(Bitte geben Sie immer den Aktionscode an: G00173)

Das Gold der Bäume

Ohne ihr Harz könnten Fichte, Kiefer und Co. nicht lange überleben. Doch auch für den Menschen ist der klebrige Naturstoff ungemein wertvoll

Text: Sebastian Witte

Schon vor mehr als **300** *Millionen Jahren produzierten archaische Kiefern Harz*

Frische Harztropfen (hier bei einer Kiefer) sind honigfarben und zäh. An der Luft kristallisieren sie und erhalten dadurch einen milchigen Ton (links)

Klebrige Konsistenz
Zähflüssige Harztropfen ermöglichen es einem Baum, eindringende Insekten zu ertränken

Richtiges Ernten
Das Harz eines Nadelbaums sollte man nicht direkt an seiner Wunde abschaben, sondern etwas entfernt davon. Qualmen die Brocken beim Räuchern zu stark, sind sie noch nicht genügend getrocknet

Räucherwerk
Erwärmtes, weiches Nadelbaum-Harz lässt sich mit getrockneten Kräutern wie Lavendel, Salbei oder Pfingstrose vermengen und zu Räucherkugeln kneten

Unikum Der einzige harzführende Laubbaum, der bei uns gedeiht, ist der Amberbaum. Er liefert das begehrte Harz »Styrax«.

Borkenkäfer Er befällt vor allem durch Trockenheit geschwächte Bäume, die nicht mehr genug Harz produzieren können.

Totenkult Aufgrund seiner konservierenden Eigenschaften nutzten die Ägypter Harz zur Einbalsamierung ihrer Leichname.

Mehr als **300** Studien widmen sich dem *medizinischen Potenzial* von Weihrauchharz

Gut
1000
Meter weit fliegen manche Kiefernsamen

Harzige Zapfen
Der Ausfluss an den Samen (hier bei einer Kiefernart vom Balkan) schützt vor hungrigen Mäulern

ABWEHR

Die Waffen der anderen

Bäume, die kein Harz produzieren, haben ihrerseits Stoffe entwickelt, um sich vor Befall zu bewahren

Bakterien, Viren, Pilze und hungrige Tiere sind die ärgsten Feinde der Bäume. Um die Angreifer abzuhalten, finden sich in jedem Baum wirksame Stoffe – etwa **Harze** (so bei etlichen Nadelbäumen). Andere lagern spezielle **Säuren** in ihre Zellen ein (bekannt ist etwa die Gerbsäure der Eiche). Oder sie stellen einen besonderen **Milchsaft** her (wie der Kautschukbaum). Einige Obstbäume wiederum wie Kirsche oder Pflaume schützen sich durch **Gummifluss**, eine bernsteinfarbene Substanz.

Sieht aus wie Harz, ist aber keines: Der gummiartige Ausfluss mancher Obstbäume

Kiefernharz

erregte aufgrund seines würzigen Geruchs und seiner wasserabweisenden Wirkung schon im Altertum großes Interesse

Wie bringt man jemanden dazu, an Wald zu denken, an Heimat, Natur, verzweigtes Unterholz? Vielleicht lässt man ihn an Moos oder Erde schnuppern, besser aber an der harzbedeckten Borke einer Kiefer oder Fichte, an den klebrigen Tropfen eines Fichtenzapfens. Dieser unverkennbare, würzig balsamische Duft! Wohltuend frisch – und behaglich zugleich.

Er entstammt zahllosen ätherischen Ölen, die im Baumharz enthalten sind, und die einem Nadelwald seinen charakteristischen Geruch verleihen. Kein Wunder, dass dieser zähflüssige Naturstoff seit jeher die Menschen fasziniert. Ja, betört: als Räuchermittel, Rauschsubstanz, Kaumasse, Beigabe von Weinen, Gebäck und Parfums. Manches Harz tropischer Bäume ist aufgrund seiner außergewöhnlichen Note so begehrt, dass Banden es schmuggeln und mit Gold nicht aufwiegen könnten.

Nicht zu vergessen der praktische Nutzen des Harzes. Schon vor Jahrhunderten erkannte man: Was die Bäume da absondern, eignet sich hervorragend, um zu kleben, zu kitten, zu versiegeln, um Farben zu binden, tote Körper zu mumifizieren, Papier zu leimen. Und zu heilen: In der Naturmedizin gilt Harz als hochpotent.

So vielfältig ist seine Verwendung, dass man seinen ursprünglichen, natürlichen Zweck leicht übersieht: Mit der Produktion von Harz haben viele Bäume (zuvorderst Nadelhölzer) eine raffinierte Methode hervorgebracht, sich zu verteidigen. Bohrt eine Laus ihren Saugrüssel in eine Fichtennadel, reagiert der Baum darauf mit Ausfluss. Harz läuft in die Stichwunde und verschließt das Loch. Die Laus sucht das Weite – oder klebt, wenn sie Pech hat, daran fest.

In Harz ertränkt

Ähnlich die Reaktion auf unerwünschte Eindringlinge in der Rinde. Borkenkäfer, Bockkäfer oder Prachtkäfer legen ihre Eier unter der Borke vieler Gehölze ab. Dazu bohren sie sich in deren Rinde, was den Baum schwer schädigen kann. Ein gesundes Exemplar wehrt die Feinde daher mit dicken Harztropfen ab: Sie verstopfen den Fraßgang und ertränken die Käfer regelrecht. Zugleich verschließt die klebrige Masse die Wunde und hilft somit, einen erneuten Befall zu verhindern.

Waldkaugummi Erstarrtes Fichtenharz, eignet sich hervorragend als Kaumasse – und desinfiziert obendrein die Mundhöhle.

Veredelung Das Harz der Aleppo-Kiefer verleiht dem griechischen Weißwein Retsina ein besonderes Aroma.

Rauschsubstanz Haschich bezeichnet das Harz, das aus Pflanzenteilen der weiblichen Cannabispflanze gewonnen wird.

Solche Verletzungen sind für *den Stamm bedrohlich* und zeugen von wenig Verständnis für das Lebewesen Baum

Harzklumpen (1) verfärben sich mit der Zeit und enthalten oft Rückstände wie Rinde oder Nadeln **Auffangbecher** (2) dienen Profis zur Ernte von Rohharz **Tinkturen** (3), die mit Harz versetzt werden,

sollen etwa Entzündungen lindern **Bernstein** (4) ist das fossile Harz uralter Bäume; mit Glück finden sich darin archaische Insekten **Sammeln** (5) lässt sich Baumharz über das gesamte Jahr

Harzsalbe selber gemacht!

Zutaten: 200 g Olivenöl, 40 g Bio-Bienenwachs, 60 g Lärchen- und Fichtenharz

Das Olivenöl erwärmen und darin die Harzbrocken einschmelzen. Die Flüssigkeit sieben, um Rückstände wie Rinde zu entfernen. Danach das Bienenwachs hinzufügen und das Gemisch in Gläser abfüllen und auskühlen lassen. Die fertige Salbe wirkt antimikrobiell, fördert die Wundheilung und hilft bei Hautirritationen sowie Entzündungen.

HARZGEWINNUNG

Ein begehrter Rohstoff

Lacke, Leim, Pech, Wagenschmiere, Druckerschwärze, Terpentinöl: All dies wurde aus Baumharz hergestellt

Die Kiefernwälder Brandenburgs zeugen noch heute von einem einstigen Industriezweig: der Harzgewinnung. Um möglichst viel des Naturstoffs zu erhalten, ritzten Harzer **Furchen** in einen Stamm, sodass der Baum vermehrt Harz produzierte (ein Teil des Stammumfangs blieb unversehrt). Die schräg angeordneten Furchen leiteten das Harz zu einem **Auffangbehälter**. Trotz synthetischer Alternativen sind Naturharze weiterhin gefragt, werden aber vorwiegend importiert.

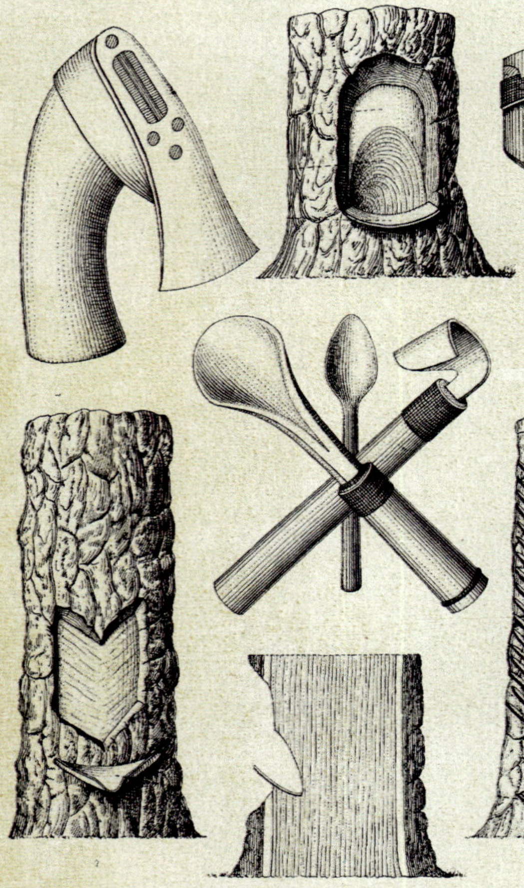

Hobel, Bügelschaber, Reißhaken: Noch in der ehemaligen DDR gehörten solche Utensilien zum Handwerkszeug des Harzers – war die Gewinnung von Harz ein Wirtschaftszweig. Die Rinde des Baumes wurde auf verschiedene Weise eingekerbt, der Harzfluss dadurch angeregt.

Mehr als

30 000

Tonnen Naturharz verarbeitet die hiesige Industrie jährlich

Produziert wird das Harz von speziellen Drüsenzellen, die in Stamm, Ästen und Nadeln langgestreckte Kanäle auskleiden. Diese „Harzgänge“ verlaufen von oben nach unten sowie quer zum Holz und durchziehen den gesamten Baum. Bei einer Verletzung tritt die klebrige Flüssigkeit – sofern der Baum genug Nachschub liefern kann – automatisch an die Oberfläche.

Darin enthalten sind neben ätherischen Ölen und anderen Stoffen auch etliche antibiotische sowie pilzhemmende Substanzen. Sie wehren Krankheitserreger ab, die in die Wunde eindringen könnten.

Von der Wirkung dieser Stoffe verspricht sich auch der Mensch einen Vorteil. Bereits unsere Vorfahren in der Steinzeit kauten aus hygienischen Gründen auf Birkenharz. Wie man heute weiß, ist darin eine chemische Verbindung enthalten, die Bakterien tötet. Und wer schon einmal eine Pechsalbe aus dem Harz von Fichte, Kiefer, Lärche oder Tanne gefertigt hat, kennt deren entzündungshemmenden Effekt – und setzt sie bei kleinen Schürfwunden ein, gegen Rheuma oder Gicht.

Auch als Räucherwerk werden vielen heimischen und exotischen Harzen reinigende, ja heilsame Effekte zugeschrieben, am bekanntesten ist wohl der getrocknete Aus-

Fichtenzapfen sondern ebenfalls Harz ab. Dadurch werden sie für viele Fressfeinde ungenießbar

fluss des orientalischen Weihrauchbaums. Für die Eigenmischung aus hiesigen Wäldern genügen schon kleine Mengen, die sich leicht bei einem Spaziergang sammeln lassen (siehe Kasten).

Früher war das Ernten von Harz sogar ein eigenständiger Beruf. Im 19. Jahrhundert zogen „Harzer“ zum Beispiel durch die Brandenburgischen Forste, ritzten Furchen in Kiefern und fingen das Baumgold in Schalen auf. Daraus gewannen sie Pech, Teer und Terpentin, Klebstoffe und Lacke.

Betörende Düfte

Heute haben Kunstharze ihr natürliches Pendant weitgehend verdrängt. Doch vor allem in der Duftstoffindustrie ist es nach wie vor gefragt. Und teils so kostbar, dass in manchen Wäldern Südostasiens Menschen Kriege darum führen. Das Objekt der Begierde: Agarwood. Ein seltenes Holz, das aus dem Inneren des Adlerholzbaumes stammt – und nur unter ganz bestimmten Bedingungen entsteht.

Zunächst muss ein Adlerholzbaum etwa von einem Blitz oder Sturm verletzt werden, damit Pilzsporen in ihn eindringen können. Der Baum produziert daraufhin ein spezielles Harz, das den Pilz bekämpft und sämtliche Holzzellen tränkt. Obsiegt jedoch der Feind, fällt der Baum irgendwann zu Boden und verrottet oft jahrhundertelang. Dabei fermentiert das harzige Holz – ein intensiver Geruch entsteht: nach Leder, Tabak, Erde, etwas fruchtig und, so meinen Experten, animalisch. Bis zu 300 000 Euro bringt ein Kilo hochwertiges Agarwood! Parfumeure schätzen das daraus gewonnene Oud-Öl als erlesensten aller Grundstoffe.

Und doch: So wertvoll das Naturprodukt, so flüchtig ist sein Aroma. Wer Harz in Händen halten möchte, das für die Ewigkeit gemacht ist, wird zum Beispiel an der Ostsee fündig. Dort spült die Brandung immer wieder Bernstein an die Strände, das fossile Harz längst ausgestorbener Urzeitbäume, zig Millionen Jahre alt. Mit viel Glück sind darin Insekten eingeschlossen, die einst über die Rinde einer archaischen Konifere krabbelten – jäh überrascht von einem goldenen, zähflüssigen Tropfen.

Auch dies eine Erinnerung an Wald. Daran, dass schon vor Urzeiten riesige Wälder die Kontinente bedeckten, dass sie atmeten, einen unverkennbaren Duft verströmten. Und dem Leben auf der Erde eine Heimat boten.

Sammeltipps für Einsteiger

Ob Tropfen, Blasen oder große Brocken: Harz lässt sich in vielen Formen ernten

Zwar gibt es bei uns keine Weihrauchbäume, dafür **Fichten und Kiefern** in großer Zahl. Ihr Harz lässt sich gut räuchern und verströmt einen angenehmen Duft. In den Bergen findet sich das gelbe Gold an **Lärchen und Tannen.** Achten Sie beim Sammeln darauf, den Baum nicht zu verletzen. Brechen Sie die Harzstücke ab oder kratzen Sie sie vorsichtig mit einem Messer vom Stamm. **Stammrisse und Spechtlöcher** etwa bieten genug Möglichkeiten, Harz zu sammeln, ohne dafür einen Baum zu schädigen.

Süßer Saft Sirup ist kein Harz, sondern Zuckerlösung, die durch Leitungsbahnen etwa eines Ahorns fließt, und eingekocht wird.

Ameisen Um die Eier der Königin vor Pilzen und Bakterien zu schützen, kleiden Arbeiterinnen die Brutkammern mit Harz aus.

Lesetipp Von der Heilkraft des Holzes erzählt fundiert und optisch opulent das Buch »Die sanfte Medizin der Bäume« (Servus).

Warum ist die *Hagebutte* im Innern so haarig?

Text: Sebastian Witte Illustration: Rainer Harf

Sie gilt als eine der gesündesten Früchte überhaupt, doch ihr Juckreiz auslösendes Inneres schreckt manch einen vom Verzehr ab. Was uns jedoch stören mag, macht biologisch durchaus Sinn

Eine Perle der Natur ist die Hagebutte nicht erst, seit Lebensmittelproduzenten sie im großen Stil zu Tees, Marmelade, Wein und Mus verarbeiten: Schon in der Jungsteinzeit – so belegen über 7000 Jahre alte Funde – haben Menschen die rote Frucht gesammelt und verzehrt.

Kaum verwunderlich: Schließlich zählt die Hagebutte zu den vitaminreichsten, gesündesten Früchten der Welt. Exotische Überflieger wie Goji-Beeren oder Acerola-Kirschen haben sie ein wenig in Vergessenheit geraten lassen. Doch würde man die Hagebutte heute auf einer fernen Insel neu entdecken, sie würde mit Sicherheit alsbald zum angesagten Superfood erklärt.

Wäre da nur nicht ihr haariges Innere, das manche von uns noch aus Kindertagen kennen – und einst zur Herstellung von Juckpulver verleitet hat. Denn die Nüsschen tragen kleine, widerhakenbestückte Härchen, die sich leicht in die Haut bohren und dann Reizungen verursachen. Biologisch hat der fiese Flaum sicher einen Sinn: Sehr wahrscheinlich ist etwa, dass er die Verbreitung der Frucht fördert. Hagebutten locken im Spätherbst und Winter vor allem Drosseln an. Fressen die Vögel die rote Kost, sorgen die Härchen im Inneren als unverdaulicher Ballaststoff vermutlich dafür, dass die Samen möglichst rasch den Darm der Tiere passieren. So ist sichergestellt, dass die Vögel in kurzen Abständen allerorten Nachwuchs verteilen und immer wieder Appetit auf neue Hagebutten bekommen.

Einen Hinweis auf ihren botanischen Ursprung gibt die englische Namensbezeichnung „rose hips“: Es sind die Früchte der Rose, die uns da von wilden Sträuchern entgegenleuchten. Grundsätzlich tragen auch alle gewöhnlichen Gartenrosen Hagebutten.

Doch die bekommen wir in der Regel nicht zu Gesicht, weil die welken Blüten, aus denen sie entstehen, zuvor meist abgeschnitten werden. ●

Durch Hallen aus Millionen Blättern

Deutschland ist Alleen-Land: Entlang ungezählter Straßen und Wege wachsen teils uralte Buchen und Linden, Weiden, Pappeln und Platanen. Gerade für die heimische Tierwelt sind die Baumreihen von besonderem Wert. Doch ihr Bestand ist bedroht

Text: Sebastian Witte Fotos: Heinz Wohner

Etwa **70** verschiedene Baumarten sind als Alleebäume angepflanzt worden

Lindenallee, *bei Nassenbeuren, Bayern*
Verwunschen wirkt dieser etwa 400 Meter lange Weg, der sich zu einer Kapelle schlängelt und von mächtigen Linden gesäumt wird. Die waren lange Zeit die **häufigsten Alleebäume** in Deutschland

1

Blutbuchenallee, *Schlosspark Machern, Sachsen (1)*

Wie eine grüne Kathedrale präsentiert sich diese alte Allee aus Blutbuchen, deren Blätter im Laufe des Jahres ihre **charakteristische Rotfärbung** verlieren und im Herbst dem flüchtigen Betrachter wie gewöhnliche Buchenblätter erscheinen.

Zierkirschenallee, *Schlosspark Schwetzingen, Baden-Württemberg (2)*

Vor allem zur Frühjahrsblüte entfalten Obstbaumalleen ihren **vollen Zauber** – wie hier im Schlossgarten Schwetzingen, der im 18. Jahrhundert entstand und zu den Meisterwerken europäischer Gartenkunst zählt.

2

3

Kastanienallee, *Schlosspark Herten, Nordrhein-Westfalen (3)*

Neben Linden und Eichen waren Rosskastanien beliebte Alleebäume – vor allem bei Adeligen, die ihren **erhabenen Wuchs** schätzten und sie daher oft für ihre Parks wählten.

Buchenallee, *Oldenburger Münsterland, Niedersachsen (4)*

Unter dem herbstlichen Blätterdach einer solchen Buchenreihe fühlt sich nicht nur der Mensch geborgen: **Der Siebenschläfer** etwa ist ein häufiger Gast ihrer Kronen.

»Haine des Reisens« nannte sie einst Theodor Fontane. Bis heute laden Alleen zum *Schwärmen* ein

Im Schnitt
515
Meter lang sind Alleen in Brandenburg

4

1

2

Eichenallee, *am Reinhardswald, Hessen (1)*
Etwa 200 Jahre alt sind die Bäume dieser Allee – und damit **wertvolles Biotop** für zahlreiche Tiere. Allein mehr als 500 Insektenarten bieten Eichen einen Lebensraum.

Platanenallee, *bei Konstanz, Baden-Württemberg (2)*
Nicht selten finden sich Platanen wie diese entlang einstiger militärischer Heerstraßen: Angeblich sollten sie den marschierenden Soldaten **Schatten spenden.**

Lindenallee, *bei Marktoberdorf, Bayern (3)*
Etwa 620 Linden säumen die fast zwei Kilometer lange **Kurfürstenallee**, angelegt Ende der 1770er Jahre. An ihrem Ende befand sich einst ein kunstvoller Pavillion.

3

Kopfweidenallee, *bei Neuendorf auf Rügen, Mecklenburg-Vorpommern (4)*

Alleebäume in ländlichen Regionen sollten vor allem **nützlich sein**: Die Zweige der Kopfweide etwa eigneten sich hervorragend, um daraus Körbe zu flechten.

Säulen-Hainbuchenallee, *Dortmund, Nordrhein-Westfalen (5)*

Auch im Alter wächst die Säulen-Hainbuche schmal und erträgt selbst starken Beschnitt: Das macht sie zum idealen Baum für **städtische Wegbegrenzungen**.

Lindenallee, *im Kyffhäusergebirge, Thüringen (6)*

Wild und ausladend dürfen diese betagten Linden wachsen. Die ältesten noch vorhandenen Lindenalleen schätzen Experten auf ein Alter von **600 bis 800 Jahren**.

Alleen weisen uns den Weg. Und *erinnern* uns daran, woher wir kommen

***Deutsche Alleenstrasse** (1)*
Auf 2900 Kilometern bietet die längste Ferienstraße Deutschlands **reizvolle Tunnelfahrten** zu jeder Jahreszeit. Hier gilt uneingeschränkt: Der Weg ist das Ziel!

Birnbaumallee, *Niedersächsische Elbtalaue, Niedersachsen (2)*
In vielen Bundesländern sind auch heute noch Obstbaumalleen zu finden – wie hier in Norddeutschland, wo sie einst die Landbevölkerung mit **Früchten versorgten.**

U

Und plötzlich tauchst du ein in einen lebenden Tunnel, das Licht gedämpft, die prachtvollen Baumkronen über dir zu einem grünen Gewölbe geschlossen. Geborgen, beschützt, geleitet – so mag sich fühlen, wer eine Allee durchschreitet. Und tatsächlich stammen die meisten Alleen aus einer Zeit, da Wege noch unbefestigt waren und die grünen Spaliere vor allem eines bieten sollten: Orientierung, auch bei Dunkelheit.

Menschengemachte Wegweiser

Und so durchziehen Alleen wie Leitschnüre vielerorts die Landschaft, säumen Dörfer, begleiten Wasser- und Landstraßen, bilden prächtige Promenaden in Innenstädten, markieren Zufahrten zu Schlössern oder Gutshöfen.

Ihre Bedeutung für den Menschen reichte aber noch weiter: In Preußen etwa erging um 1750 ein Erlass, nach dem Alleen aus Bäumen angelegt werden sollten, die einen Nutzen hatten. Entlang vieler Ortstraßen reihten die Bewohner daraufhin ungezählte Obstbäume aneinander, die sie mit Früchten und Holz versorgen sollten. Sie pflanzten Kopfweiden, aus deren Trieben sie Körbe und Zäune fertigten. Oder setzten rechts und links ihrer Wege Maulbeerbäume in die Erde: für die Anzucht von Seidenraupen.

Heute kann niemand ganz genau sagen, wie viele Alleen im Laufe der Zeit entstanden sind. Zumal etliche an eher wenig befahrenen Feldwegen wachsen, die teils nur Einheimische kennen – oder inzwischen sogar in Vergessenheit geraten sind.

Auch aus diesem Grund hat ein Forscherteam der Hochschule für Nachhaltige Entwicklung Eberswalde begonnen, bundesweit die Lage und Länge aller Alleen mithilfe von Geodaten wie Luftaufnahmen digital zu kartieren. Ende 2021 soll das von der Deutschen Bundesstiftung Umwelt geförderte Projekt abgeschlossen sein – und dazu beitragen, Alleen langfristig zu schützen. Denn mehr und mehr von ihnen verschwinden.

Moderner Straßenbau mit Folgen

Die Gründe sind vielfältig: Streusalz im Winter und Wassermangel in trockenen Sommern setzen den Bäumen ohnehin zu. Doch Naturschützer machen auch eine Bundesrichtlinie zur Sicherheit an Straßen mitverantwortlich. Demnach gilt für Neupflanzungen ein erhöhter Mindestabstand vom Rand der Fahrbahn zum Straßenbaum – was zuweilen auch zur Abholzung bestehender Alleebäume führt.

Schützenswerte Ökosysteme

Dabei sind gerade Alleen – insbesondere aufgrund ihres oft hohen Alters – ein unschätzbar wertvolles Refugium für Vögel, Insekten und Kleinsäuger, die in den betagten Kronen Unterschlupf und Nahrung finden. Zudem verbinden die Baumreihen Naturräume wie Haine, Seen und Hecken miteinander. Blühende Lindenalleen bieten reichlich Pollen und Nektar für Bienen. Und manche Obstbaumallee beherbergt Sorten, die es andernorts schon längst nicht mehr gibt. Es bedeutet also auch einen großen ökologischen Verlust, wenn Alleen dem Straßenbau zum Opfer fallen.

Wer schon einmal durch eine verwunschene Eichenallee – zum Beispiel in der Uckermark – geschlendert ist, die Bäume über 200 Jahre alt, die Stämme von Astbeulen übersät, lauter Eichhörnchen, die durch die Kronen flitzen, ahnt: Jeder Kilometer Allee zählt! ●

Herkunft Allee leitet sich vom französischen Verb »aller« ab (gehen) und bezeichnete originär einen schattigen Gehweg.

Ikone Die Straße »Unter den Linden« wurde 1647 als gemischte Allee angelegt, 1820 dann ausschließlich mit Linden bepflanzt.

Rekord Die meisten Alleen befinden sich in Brandenburg auf über 4000 Kilometer Länge, es folgt Mecklenburg-Vorpommern.

Deutsche Alleenstraße

Bereits nach der Wiedervereinigung haben sich Naturschützer aufgemacht, um ein grünes Band von Bäumen durch Deutschland zu knüpfen. Entstanden ist ein zusammenhängendes **Streckennetz aus Alleen**: Es beginnt auf der Ostseeinsel Rügen und zieht sich in zwei großen Schleifen durch die gesamte Republik bis zum Bodensee. Unterteilt ist das Baumstraßen-Netz in zehn kleinere Abschnitte, die sich jeweils als Tagestour bewältigen lassen.

Typisch Allee: Bei der **einfachen Allee (l.)** steht eine Baumreihe links und rechts des Weges. Ist die Allee geschlossen, berühren sich die Kronen der Bäume. Die **mehrreihige Allee (r.)** ist eine breite Straße, die von baumgesäumten, schmalen Seitenwegen flankiert wird.

2

»Ist die Fichte verzichtbar?«

Es steht schlimm um Deutschlands häufigsten Nadelbaum: Vielerorts stirbt er massenhaft. Was manchen erschrickt, könnte ein Segen für die Wildnis sein

Text: Peter Wohlleben
Illustrationen: Julia Pfaller

Eine Baumart ist zum Medienstar geworden, allerdings im negativen Sinne: die Fichte. Fährt man durch Mitteleuropa, so leuchten einem überall rotbraune Waldgebiete entgegen. Ist dies das Waldsterben 2.0?

So viel vorweg: Die Situation ist dramatisch, aber eher im ökonomischen Sinne.

Als Hauptverursacher gilt der Borkenkäfer. Hochrechnungen kommen auf rund 3000 Quadratkilometer Befallsfläche allein in Deutschland, auf der die Fichten schon abgestorben sind – Tendenz stark steigend. Neben dem Borkenkäfer wird der Klimawandel verantwortlich gemacht: Trocken-heiße Sommer schwächen die Bäume so, dass sie sich nicht mehr wehren können.

Doch die Ursachen liegen tiefer. Schauen wir uns zunächst „den" Borkenkäfer an, den es so gar nicht gibt. Jede Baumart hat Parasiten, die bei einer Schwächung zuschlagen können. Ob Buche, Eiche, Ahorn oder Fichte, sie alle müssen ständig versuchen, angreifende Insekten in Schach zu halten. Fichten ertränken sich einbohrende Käfer mit Harz. Es ist vor allem der Buchdrucker, der in der Rinde von älteren Exemplaren Nachwuchs bekommt. Hat einer von ihnen Erfolg und trifft auf einen Nadelbaum ohne nennenswerte Gegenwehr, dann verströmt er einen chemischen Lockruf: „Das Buffet ist eröffnet!"

Daraufhin stürzen sich zahlreiche Artgenossen auf die wehrlose Fichte, legen Eier und lassen ihre Brut die innere Rinde auffressen. Quasi enthäutet stirbt der Baum, und aus seiner Borke entweicht ein Schwarm gefräßiger Jungkäfer, um den nächsten Baum zu attackieren.

Fichten sind Bäume der nordischen Klimazonen. Sie lieben es kühl und feucht; ihre Heimat ist Skandinavien sowie die höheren Lagen der Alpen.

Angepflanzt in tieferen Lagen als Monokulturen, sind sie schon ohne Klimawandel so anfällig, dass knapp 60 Prozent der Bäume vor dem 80. Lebensjahr in der Katastrophe enden – durch Sturmwurf oder Käferfraß. Bisher war der Holzmarkt jedoch so robust, dass er, von wenigen Ausnahmen abgesehen, das anfallende Holz aufnehmen konnte. Das machte es den Forstbetrieben leichter, befallene Stämme sofort abzutransportieren und so den Käferausbruch zu stoppen.

Doch durch den Klimawandel ist die Fichte praktisch überall ein leichtes Opfer, weil sie Harz nicht ohne Wasser produzieren kann. Da nun die meisten Forstbetriebe panikartig befallene Fichten einschlagen und verkaufen, ist der Preis völlig zusammengebrochen. Nur mit Verlusten ist das Holz aus dem Wald zu bringen. Etliche Waldbesitzende haben aufgegeben und den Käfern das Feld überlassen.

Die Krise als Chance

Für die Forstwirtschaft ist das ein schwerer Schaden, doch für die Natur eine echte Chance. Der Wald kann sich erneuern, Laubbäume, deren Samen der Wind herbeiweht, können Fuß fassen. Dazu ist es hilfreich, die toten Fichtenstämme als Wasser- und Schattenspender im Wald zu lassen – Geld verliert damit ja niemand mehr.

Der Buchdrucker ist also eigentlich der Geburtshelfer neuer, robusterer Wälder. Wir sollten ihn aus seiner Ecke als Schädling entlassen.

Angela Merkel trägt beim EU-Gipfel im Juli 2020 in Brüssel einen Mund-Nase-Schutz.

Foto: Francisco Seco/AP Pool/dpa

Von der wunderbaren *Freundschaft* zwischen Tier und Mensch

Im neuen Heft, ab 20. November 2020

Ziegen sind ebenso intelligent und leidenschaftlich wie Hunde – sie verstehen uns besser als lange gedacht

Schneehasen sind perfekt an den alpinen Raum angepasst, im Winter hüllen sie sich in ein weißes Gewand

Mithilfe von Pferden transportieren Säumer jedes Jahr Waren auf traditionsreichen Wegen in der Schweiz

Im Steigerwald in Bayern setzen sich Bürger für mehr Wildnis ein – und fordern, einen Teil des Areals unter Schutz zu stellen.

Der Winterpilz ist ein äußerst wetterfester Geselle – zum Überleben in der Kälte stellt er sogar ein eigenes Frostschutzmittel her.

Flechten sind vielen Menschen nur wenig bekannt. Dabei sind sie hochspannend: Pioniere in extremen Zonen – und verblüffend formenreich.

Wildschweine sind besonders schlaue und sozial lebende Waldbewohner, die sich längst an die Präsenz des Menschen angepasst haben

Polarlichter lassen uns über die Wunder der Natur staunen

Bis zu

300

Jahre alt werden Stechpalmen

Auch im Winter grün ist die Europäische Stechpalme, die sich mit stacheligen Blättern gegen Fraß behauptet

Weitere Themen im nächsten Heft:

Weihnachtsbäume: Soll man sie kaufen oder nicht?

Holz: Der natürliche Wunderstoff

Tierporträt: Von einem ganz besonderen Vogel

Winterzauber

Wie wichtig Bäume in der Stadt sind, zeigen zahlreiche Untersuchungen: Die grünen Wesen säubern die Luft, mildern Temperaturextreme und stärken die psychische Gesundheit

Verletzten Mauerseglern gibt Christiane Haupt eine Zukunft, Tag und Nacht pflegt sie ihre Patienten